Vue.js 3 企业级应用开发实战

柳伟卫 著

電子工業出版社
Publishing House of Electronics Industry
北京•BEIJING

内容简介

本书基于 Vue.js 3 展开，介绍了应用实例、组件、模板、计算属性、监听器、指令、表单、事件、数据绑定、路由、依赖注入、自定义样式、动画、渲染函数、测试、响应式编程等，还介绍了 Vue CLI、TypeScript、Animate.css、Mocha、Vue Router、Naive UI、vue-axios 等内容。Vue.js 3 完全支持 TypeScript，使读者可以采用类、面向对象的方式进行编程。在本书的最后会手把手带领读者一起从零开始实现一个完整的企业级“新闻头条”客户端应用。本书技术前瞻、面向实战、实例丰富。

本书主要面向的读者群体是对 Vue.js 感兴趣的学生、前端工程师、系统架构师等。

图书在版编目（CIP）数据

Vue.js 3 企业级应用开发实战 / 柳伟卫著. —北京：电子工业出版社，2022.1

ISBN 978-7-121-42680-3

Ⅰ. ①V… Ⅱ. ①柳… Ⅲ. ①网页制作工具—程序设计 Ⅳ. ①TP393.092.2

中国版本图书馆 CIP 数据核字（2022）第 015156 号

责任编辑：吴宏伟　　　特约编辑：田学清
印　　刷：北京天宇星印刷厂
装　　订：北京天宇星印刷厂
出版发行：电子工业出版社
　　　　　北京市海淀区万寿路 173 信箱　　　邮编：100036
开　　本：787×980　1/16　印张：23　　字数：507 千字
版　　次：2022 年 1 月第 1 版
印　　次：2024 年 7 月第 5 次印刷
定　　价：109.00 元

凡所购买电子工业出版社图书有缺损问题，请向购买书店调换。若书店售缺，请与本社发行部联系，联系及邮购电话：（010）88254888，88258888。

质量投诉请发邮件至 zlts@phei.com.cn，盗版侵权举报请发邮件至 dbqq@phei.com.cn。

本书咨询联系方式：（010）51260888-819，faq@phei.com.cn。

前言

写作背景

Vue.js 是近些年广受开发者关注的前端框架。Vue.js 已经具备了商业项目开发的必备条件，如语法精练、代码的可读性高、组件模块化成熟等，还有商业项目开发最为看重的与第三方控件的结合能力。由于这些功能，使得 Vue.js 能够与 React、Angular 等前端开发框架并驾齐驱，并在开发者心中占据越来越重要的位置。与 React、Angular 相比，Vue.js 在可读性、可维护性和趣味性之间做到了很好的平衡，非常适用中小型项目的快速开发。随着 Vue.js 3 的推出，使其具备了进行大型项目开发的可能性。

市面上关于 Vue.js 1.x 和 Vue.js 2.x 的资料比较多，而关于 Vue.js 3 的资料比较匮乏。于是，作者在 GitHub 上，以开源方式撰写了《跟老卫学 Vue.js 开发》，介绍 Vue.js 3 的使用。为了能让更多的人学习 Vue.js 3，作者以《跟老卫学 Vue.js 开发》为基础，对 Vue.js 3 的知识点进行了完整的梳理和扩展，补充了实战案例。希望读者通过学习本书的内容，具备 Vue.js 3 企业级应用开发实战的能力。

内容介绍

本书分为以下 4 篇。

- 第 1 篇 初识 Vue.js（第 1～2 章）：了解 Vue.js 基础概念，并带领读者快速创建一个 Vue.js 应用，使读者对 Vue.js 有一个初步的认识。
- 第 2 篇 基础（第 3～11 章）：了解 TypeScript 基础、Vue.js 应用实例、Vue.js 组件、Vue.js 模板、Vue.js 计算属性与监听器、Vue.js 样式、Vue.js 表达式、Vue.js 事件、Vue.js 表单等概念。读者通过学习这几章的内容，可以了解 Vue.js 常用的知识。
- 第 3 篇 进阶（第 12～18 章）：深入讲解 Vue.js 的高级知识。
- 第 4 篇 项目实战（第 19～22 章）：手把手带领读者一起从零开始实现一个完整的企业级“新闻头条”客户端应用，使读者具备 Vue.js 企业级应用开发的能力。

本书所采用的技术及相关版本

本书所采用的技术及相关版本较新，请读者将相关开发环境设置为与本书所使用的开发环境一致，或者不低于本书所列的配置。

- Visual Studio Code 1.57.1。
- Vue.js 3.6.5。
- Vue CLI4.5.11。
- TypeScript 4.1.6。
- Node.js 15.9.0。
- NPM 7.5.3。
- Vue Router 4.0.10。
- Vue Axios 3.2.4。
- Naive UI 2.13.0。

本书特点

1. 提供了基于知识点的多个实例

本书提供了丰富的基于 Vue.js 3 技术的实例，将理论讲解最终落实到代码实现上。在介绍 Vue.js 3 基础之后，本书还提供了一个完整的企业级“新闻头条”客户端应用。这些实例从零开始，最终实现了一个完整的企业级应用，使本书具有很高的应用价值和参考性。

2. 免费提供书中实例的源文件

本书提供了所有实例的源文件。读者可以一边阅读本书，一边参照源文件动手练习，这样不仅提高了学习效率，而且可以对本书中的内容有更加直观的认识，从而逐渐提高自己的编程能力。

3. 覆盖的知识面广

本书介绍了 Vue.js 3 的许多知识，包括应用实例、组件、模板、计算属性、监听器、指令、表单、事件、数据绑定、路由、依赖注入、自定义样式、动画、渲染函数、测试、响应式编程等，还介绍了 Vue CLI、TypeScript、Animate.css、Mocha、Vue Router、Naive UI、vue-axios 等内容。不管是初学者，还是编程高手，都能从本书中获益。本书可以作为读者案头的工具书，以便读者随手翻阅。

4. 使用短小的段落和短句，阅读流畅

本书采用结构化的层次，并使用短小的段落和短句，便于读者流畅阅读。

5. 实例的商业性、应用性强

本书提供的实例多数来源于真正的商业项目，具有极高的参考价值。有些代码甚至可以直接移植到自己的项目中，进行重复使用，使从“学”到“用”这个过程变得更加直接。

致谢

感谢电子工业出版社评审团队对本书在校对、排版、审核、封面设计等方面所给予的帮助，使本书能够顺利出版。

感谢我的父母、妻子 Funny 和两个女儿。由于撰写本书，我牺牲了很多陪伴家人的时间，谢谢他们对我的理解和支持。另外，还要感谢关心和支持我的朋友、读者与网友。

柳伟卫

2021 年 10 月

目录

第1篇 初识Vue.js

第2篇 基础

第 3 篇 进阶

第 4 篇 项目实战

第 1 篇　初识 Vue.js

第 1 章 理解 Vue.js 及产生的背景

本章介绍 Vue.js 的基本概念及产生的背景。

1.1 什么是 Vue.js

Vue.js 也被简称为 Vue。Vue 的读音是“[vju:]”，与英文单词“view”的读音相同。Vue 的含义与 view 的含义一致，是致力于视图层的开发。

Vue.js 是一套用于创建用户界面的框架（Progressive Framework）。Vue.js 的核心库只关注视图层，不仅易于上手，还便于与第三方库或既有项目整合。另外，当与现代化的工具链和各种支持类库结合使用时，Vue.js 也完全能够应对复杂的单页应用（Single-Page Applications，SPA）。

1.2 Vue.js 产生的背景

Vue.js 的产生与当前的前端开发方式的巨变有着必然联系。

1.2.1 Vue.js 与 jQuery 的不同

传统的 Web 前端开发主要是以 jQuery 为核心的技术栈。jQuery 主要用来操作 DOM（Document Object Model，文档对象模型），其最大的作用是消除各浏览器的差异，简化和丰富

DOM 的 API，如，DOM 文档的转换、事件处理、动画和 AJAX 交互等。

Vue.js 的优势如下。

（1）Vue.js 是一个完整的框架，试图解决现代 Web 应用开发的各种问题。Vue.js 有着诸多特性，核心功能包括模块化、自动化双向数据绑定、响应式等。

（2）Vue.js 可以用一种完全不同的方法来创建用户界面，以声明方式指定视图模型驱动的变化。而 jQuery 常常需要编写以 DOM 为中心的代码，随着项目的增长（如在规模和交互性方面）会变得越来越难控制。

所以，Vue.js 更加适合现代的企业级应用开发。

1.2.2　Vue.js 与 React、Angular 的比较

在当前的主流 Web 框架中，Vue.js 与 React、Angular 是备受瞩目的 3 个框架。

1. 从市场占有率来看

Angular 与 React 相对来说比较老牌，而 Vue.js 是后起之秀，所以，Angular 与 React 都比 Vue.js 的市场占有率更加高。需要注意的是，Vue.js 用户的增长速度很快，有迎头赶上之势。

2. 从支持度来看

Angular 与 React 分别由 Google 和 Facebook 开发，而 Vue.js 属于个人项目。所以，无论是开发团队还是技术社区，Angular 与 React 都更加具有优势。

Vue.js 的风险相对会比较高一些，毕竟这类项目在很大程度上依赖于维护者的生存能力和继续维护下去的愿望。目前大型的互联网公司都在与 Vue.js 展开合作，在一定程度上会使 Vue.js 走得更远。

3. 从开发体验来看

React 应用是采用 JavaScript 或 TypeScript 编写的，采用组件化的方式来开发可以重用用户 UI。React 的 HTML 元素是嵌在 JavaScript 代码中的，有助于关注点的聚焦，但不是所有的开发者都能接受这种 JavaScript 与 HTML“混杂”的方式。

Vue.js 是采用 JavaScript 编写的，在 Vue.js 3 中也支持 TypeScript。Vue.js 主要是面向开发渐进式的 Web 应用，用户使用起来会比较简单，易于入门。

Angular 具有良好的模板与脚本分离的代码组织方式，在大型系统中可以使开发者更加方便地实现管理和维护。Angular 完全基于 TypeScript 开发，拥有更强的类型体系，使得代码更加健壮，同时也利于开发者掌握。

4. 从框架的强制程度来看

每个框架都会有自己的一些特点，从而会对用户有一定的要求，这些要求就是强制性。强制性的约束有大有小，它的强制程度会影响在业务开发中的使用方式。比如，Angular 的强制性比较大，如果使用它，则必须接受以下内容。

- 必须使用它的模块机制。
- 必须使用它的“依赖注入”。
- 必须使用它的特殊形式定义组件。

所以，Angular 是带有比较强的排他性的，如果用户的应用不是从头开始，而是要不断考虑是否跟其他东西集成，这些主张会给用户带来一些困扰。

又如 React，它也有一定程度的强制性，它的强制性主要是体现在函数式编程的理念。

- 需要知道什么是副作用。
- 需要知道什么是纯函数。
- 如何隔离副作用。

相对而言，React 的强制性没有 Angular 的强制性那么强，但也要比 Vue.js 的强制性强。

因此，Vue.js 遵循较小强制性，可以让开发者更快上手。

1.2.3 如何选择 Angular、React 和 Vue.js

Angular、React 和 Vue.js 都是非常优秀的框架，有着不同的受众，开发者需要根据实际项目的需要选择相应的框架。

- 入门难度顺序是：Vue.js、React、Angular。
- 功能强大程度是：Vue.js、React、Angular。
- 如果想要快速实现一个小型项目，则选择 Vue.js 无疑是最为经济的。
- 如果想要创建大型的应用，或者考虑长期进行维护，则选择 Angular。Angular 可以使开发者从一开始就按照规范的方式来开发应用，并且降低了编程出错的可能。

1.3　如何学习 Vue.js

1.3.1　前置知识

与 Angular 与 React 相比，虽然学习 Vue.js 的门槛会比较低，但开发者仍然需要具备一些前置知识。当开始学习 Vue.js 时，确保开发者具备以下知识。

- 掌握 HTML、CSS、JavaScript。
- 了解 Node.js、NPM 的基本用法。

如果开发者不具备上述知识，则建议先自主学习，本书不会进行过多介绍。市面上有很多学习资料，作者的博客网站也提供了非常多的免费教程。

1.3.2　学习安排

正如“前言”所介绍的那样，本书的学习安排是从易到难循序渐进的。

第 1 章～第 2 章是一个简单的“热身”。其中，在第 2 章会手把手带领读者快速地创建第一个 Vue.js 应用，使读者对 Vue 有一个初步的印象。通过学习第 2 章的内容，读者就可以掌握开发 Vue.js 应用的完整思路。后续章节也都是按照这个思路来开发 Vue.js 应用的，其主要区别是应用的复杂程度不同而已。

第 3 章～第 11 章主要介绍 Vue.js 的入门知识，包括 TypeScript 基础、Vue.js 应用实例、Vue.js 组件、Vue.js 模板、Vue.js 计算属性与监听器、Vue.js 样式、Vue.js 表达式、Vue.js 事件、Vue.js 表单等概念。通过对这几章内容的学习，读者可以掌握 Vue.js 常用的知识，能够应对大部分开发工作。

当然，好学的读者自然不会停步不前。在实际项目中总是会碰到一些“高精尖”的问题，那么第 12 章～第 18 章就是为读者量身定制的。这部分章节主要深入介绍 Vue.js 的高级知识。

第 19 章～第 22 章是商业案例的实战，手把手带领读者从零开始实现一个完整的企业级“新闻头条”客户端应用，使读者具备 Vue.js 企业级应用开发的能力。读者通过学习该案例，可以将本书介绍的所有知识串联起来。

第 2 章 快速开启第一个 Vue.js 应用

本章演示如何快速开启第一个 Vue.js 应用。通过探索该应用，读者会对 Vue.js 有一个初步的印象。

2.1 开发环境准备

开发 Vue.js 应用，需要具备以下环境。

2.1.1 安装 Node.js 和 NPM

如果计算机中没有安装 Node.js（运行应用的平台）和 NPM（用于依赖管理），则需要安装它们。

1. 为什么需要安装 Node.js 和 NPM

如果用户熟悉 Java，则一定知道 Maven。Node.js 与 NPM 的关系就如同 Java 与 Maven 的关系。

- Node.js 是运行应用的平台，运行在虚拟机中。Node.js 基于 Google V8 引擎，而 Java 基于 JVM。
- NPM 用于依赖管理。NPM 管理 JavaScript 库，而 Maven 管理 Java 库。

2. 安装步骤

目前，Node.js 的新版本为 15.9.0（包含了 NPM 7.5.3）。为了能够享受最新的 Vue.js 开发带来的乐趣，请安装新版本的 Node.js 和 NPM。

Node.js 的安装比较简单，这里就不再进行详细介绍。安装完成后，请先在终端/控制台窗口中输入“node –v”命令和“npm – v”命令（见图 2–1）来验证安装是否正确。

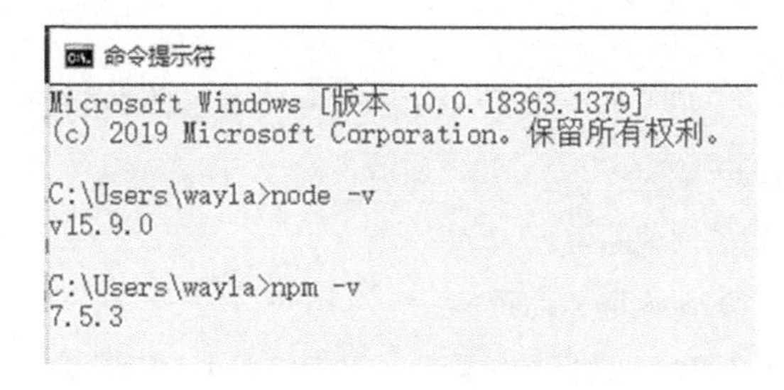

图 2-1 输入“node-v”命令和“npm-v”命令

2.1.2 设置 NPM 镜像

NPM 默认是从国外的 NPM 源来获取和下载包信息的，由于网络延迟，有时可能无法正常访问 NPM 源，因此无法正常安装软件。

可以采用国内的 NPM 镜像来解决网速慢的问题。

在终端，通过以下命令来设置 NPM 镜像：

```
npm config set registry=http://registry.npm.taobao.org
```

其他更多设置方式可以参考作者的博客。

2.1.3 选择合适的 IDE

如果你是一名前端开发者，则可以不必花太多时间来安装 IDE，用平时熟悉的 IDE 来开发 Vue.js 应用即可。比如，前端开发者经常会选择 Visual Studio Code、Eclipse、WebStorm、Sublime Text 等。从理论上讲，开发 Vue.js 应用不会对开发工具有任何的限制，甚至可以直接使用文本编辑器来开发。

如果你是一名初级的前端开发者，或者不知道如何来选择 IDE，则建议使用 Visual Studio Code。

Visual Studio Code 与 TypeScript 一样都是由微软的出品的，对 TypeScript 和 Vue.js 编程有着一流的支持，而且这款 IDE 还是免费的，用户可以随时下载使用。选择合适自己的 IDE，有助于提升编程质量和开发效率。

2.1.4 安装 Vue CLI

Vue CLI 是一个命令行界面工具，用于创建和管理 Vue.js 项目，它提供了以下功能。

- 搭建 Vue.js 项目脚手架。
- 实现 Vue.js 零配置的快速原型。
- 提供运行时依赖项@vue/cli-service。
- 提供丰富的官方插件集合，这些插件集成了前端生态系统中的最佳工具。

Vue CLI 的目标是成为 Vue.js 生态系统的标准工具基线。它可以确保各种开发工具与合理的默认设置一起顺利运行，因此开发者可以专注于编写应用，而不必花费大量时间进行配置工作。同时，它仍然可以灵活地调整每个工具的配置，而无须退出各个工具的配置界面。

可以通过 NPM 采用全局安装的方式来安装 Vue CLI，命令如下：

```
npm install -g @vue/cli
```

安装完成后，执行以下命令可以看到 Vue CLI 的版本号，证明安装成功：

```
vue -v
@vue/cli 4.5.11
```

2.1.5 检查和调试 Vue.js 应用的工具——Vue Devtools

使用 Vue.js 时，建议在浏览器中安装 Vue Devtools，利用它用户可以在更加友好的界面中检查和调试 Vue.js 应用。

针对不同的浏览器具有不同的 Devtools 插件，用户可以自行从网络上查找并安装。

2.2 创建 Vue.js 应用“hello-world”

下面创建第一个 Vue.js 应用“hello-world”。借助于 Vue CLI 工具，用户甚至不需要编写一行代码，就能实现一个完整可用的 Vue.js 应用。

2.2.1　利用 Vue CLI 初始化 Vue.js 应用“hello-world”

有两种初始化应用的方式。

1. 可视化工具界面方式

在需要创建项目的文件夹下启动终端，在命令行中输入以下命令：

```
vue ui
```

通过上述命令会在浏览器中打开 Vue CLI 可视化工具界面，如图 2-2 所示。可以通过界面上的“创建”选项来创建项目。

图 2-2　Vue CLI 可视化工具界面

单击“在此创建新项目”按钮，如图 2-3 所示。

图 2-3　单击“在此创建新项目”按钮

打开“创建新项目”界面，如图 2-4 所示。在该界面中输入项目的信息，如项目文件夹（项目名称）、包管理器等，创建一个名为“hello-world”的项目，单击“下一步”按钮。

图 2-4　“创建新项目”界面

选中“预设模板（Vue 3 预览）”单选按钮，单击“创建项目”按钮，如图 2-5 所示。

图 2-5　单击“创建项目”按钮

如果打开如图 2-6 所示的项目界面则证明项目创建完成，该界面就是所创建的“hello-world”的仪表盘界面。

图 2-6　项目创建完成

2. 命令行方式

在需要创建项目的文件夹下启动终端，在命令行中输入以下命令：

```
vue create hello-world
```

通过“↑”“↓”键选择模板。这里选择“Vue 3 Preview”模板，按“Enter”键，如图 2-7 所示。

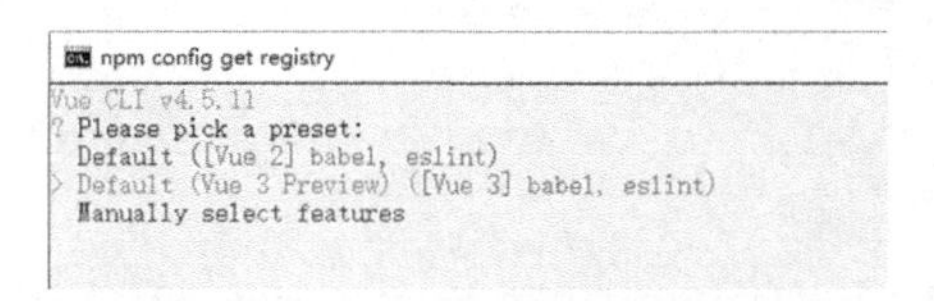

图 2-7　选择“Vue 3 Preview”模板

完成项目的创建，如图 2-8 所示。

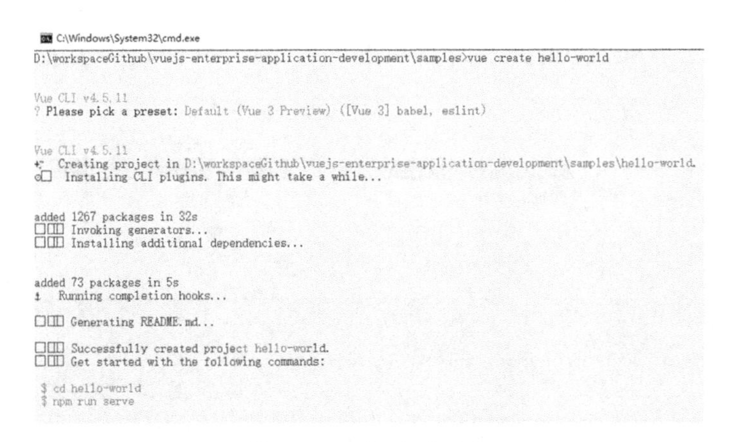

图 2-8　完成项目的创建

2.2.2　运行 Vue.js 应用“hello-world”

如果采用命令行方式初始化应用，则可以进入“hello-world”项目目录，执行以下命令来启动应用：

```
npm run serve
```

此时，访问 http://localhost:8080，可以看到如图 2-9 所示的项目界面，该界面就是所创建的“hello-world”的首页界面。

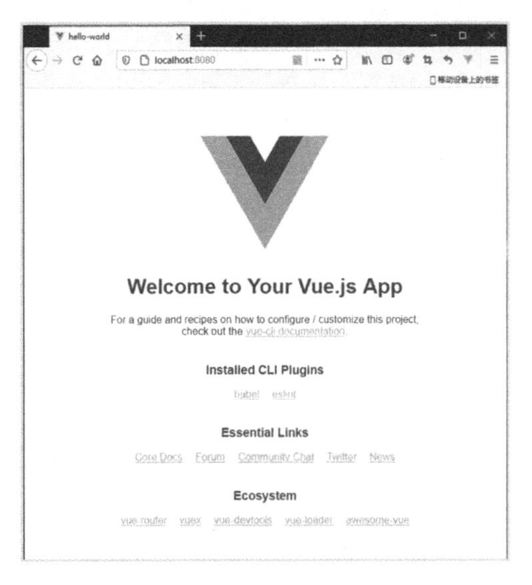

图 2-9　项目界面

2.3　探索 Vue.js 应用

本节来探索前一节所创建的“hello-world”。

2.3.1　整体项目结构

“hello-world”的整体项目结构如下：

```
hello-world
 │  .gitignore
 │  babel.config.js
 │  package-lock.json
 │  package.json
 │  README.md
 │
 ├─node_modules
 ├─public
 │      favicon.ico
 │      index.html
 │
 └─src
     │  App.vue
     │  main.js
     │
     ├─assets
     │      logo.png
     │
     └─components
             HelloWorld.vue
```

从上面结果中可以看出，项目主要分为 4 部分。

- 项目根目录文件。
- node_modules 目录。
- public 目录。
- src 目录。

接下来详细介绍上面 4 部分的含义。

2.3.2 项目根目录文件

在项目根目录文件中包含以下几个文件。

- .gitignore：用于配置哪些文件不受 git 管理。
- babel.config.js：Babel 中的配置文件，Babel 是一款 JavaScript 编译器。
- package.json、package-lock.json：NPM 包管理器的配置文件。执行“npm install”命令读取 package.json 创建依赖项列表，并使用 package-lock.json 来通知要安装哪个版本的依赖项。如果某个依赖项在 package.json 中，但是不在 package-lock.json 中，执行“npm install”命令会将这个依赖项的确定版本更新到 package-lock.json 中，不会更新其他依赖项的版本。
- README.md：项目的说明文件。一般会详细说明项目的作用、怎么创建项目、怎么获得帮助等内容。

2.3.3 node_modules 目录

目录用来存放利用包管理工具下载安装的包的文件夹。

打开 node_modules 目录，可以看到项目所依赖的包非常多，这里不再赘述各个包的含义。

2.3.4 public 目录

public 目录在以下情况中使用。

- 需要在构建输出中指定一个文件的名字。
- 有上千张图片，需要动态引用它们的路径。
- 有些库可能和 webpack 不兼容，将这些库存储在 public 目录下，然后将其用一个独立的<script>标签引入。

图 2-10 所示为 public 目录下的文件。

名称	修改日期	类型	大小
favicon.ico	2021/2/21 18:28	图片文件	5 KB
index.html	2021/2/21 18:28	Microsoft Edge ...	1 KB

图 2-10 public 目录下的文件

2.3.5　src 目录

src 目录是存储项目代码的目录。图 2-11 所示为 src 目录下的文件。

名称	修改日期	类型	大小
assets	2021/2/21 18:28	文件夹	
components	2021/2/21 18:28	文件夹	
App.vue	2021/2/21 18:28	VUE 文件	1 KB
main.js	2021/2/21 18:28	JavaScript 文件	1 KB

图 2-11　src 目录下的文件

其中，

- assets：用于放置静态文件，如一些图片、JSON 数据等。
- components：用于放置 Vue.js 公共组件。目前，在该目录下，仅有一个 HelloWorld.vue 子组件。
- App.vue：页面入口文件也是根组件（整个应用只有一个），可以引用其他 Vue.js 组件。
- main.js：程序入口文件，主要作用是初始化 Vue.js 应用实例并使用需要的插件。

下面主要介绍 main.js、App.vue 和 HelloWorld.vue。

1. main.js

先看一下 main.js 的代码：

```
import { createApp } from 'vue'
import App from './App.vue'

createApp(App).mount('#app')
```

上述代码比较简单，就是初始化了 Vue.js 的应用实例，该应用实例来自 App.vue 根组件。

2. App.vue

App.vue 是根组件，整个应用只有一个，代码如下：

```
<template>
  <img alt="Vue logo" src="./assets/logo.png">
  <HelloWorld msg="Welcome to Your Vue.js App"/>
</template>
```

```
<script>
import HelloWorld from './components/HelloWorld.vue'

export default {
  name: 'App',
  components: {
    HelloWorld
  }
}
</script>

<style>
#app {
  font-family: Avenir, Helvetica, Arial, sans-serif;
  -webkit-font-smoothing: antialiased;
  -moz-osx-font-smoothing: grayscale;
  text-align: center;
  color: #2c3e50;
  margin-top: 60px;
}
</style>
```

上述代码由 3 部分组成，即<template>、<script>和<style>，这 3 部分可以简单理解为是一个网页的 3 个核心部分 HTML、JavaScript、CSS。

其中，<template>又引用了一个 HelloWorld.vue 子组件，该 HelloWorld.vue 子组件是通过<script>从“./components/HelloWorld.vue”文件引入的。

3. HelloWorld.vue

HelloWorld.vue 子组件是整个应用的核心，代码如下：

```
<template>
  <div class="hello">
    <h1>{{ msg }}</h1>
    <p>
      For a guide and recipes on how to configure / customize this project,<br>
      check out the
```

```
      <a href="https://cli.vuejs.org" target="_blank" rel="noopener">vue-cli documentation</a>.
    </p>
    <h3>Installed CLI Plugins</h3>
    <ul>
      <li><a href="https://github.com/vuejs/vue-cli/tree/dev/packages/%40vue/cli-plugin-babel"
target="_blank" rel="noopener">babel</a></li>
      <li><a href="https://github.com/vuejs/vue-cli/tree/dev/packages/%40vue/cli-plugin-eslint"
target="_blank" rel="noopener">eslint</a></li>
    </ul>
    <h3>Essential Links</h3>
    <ul>
      <li><a href="https://vuejs.org" target="_blank" rel="noopener">Core Docs</a></li>
      <li><a href="https://forum.vuejs.org" target="_blank" rel="noopener">Forum</a></li>
      <li><a href="https://chat.vuejs.org" target="_blank" rel="noopener">Community
Chat</a></li>
      <li><a href="https://twitter.com/vuejs" target="_blank" rel="noopener">Twitter</a></li>
      <li><a href="https://news.vuejs.org" target="_blank" rel="noopener">News</a></li>
    </ul>
    <h3>Ecosystem</h3>
    <ul>
      <li><a href="https://router.vuejs.org" target="_blank" rel="noopener">vue-router</a></li>
      <li><a href="https://vuex.vuejs.org" target="_blank" rel="noopener">vuex</a></li>
      <li><a href="https://github.com/vuejs/vue-devtools#vue-devtools" target="_blank"
rel="noopener">vue-devtools</a></li>
      <li><a href="https://vue-loader.vuejs.org" target="_blank" rel="noopener">vue-loader</a>
</li>
      <li><a href="https://github.com/vuejs/awesome-vue" target="_blank"
rel="noopener">awesome-vue</a></li>
    </ul>
  </div>
</template>

<script>
export default {
  name: 'HelloWorld',
  props: {
    msg: String
```

```
  }
}
</script>

<!-- Add "scoped" attribute to limit CSS to this component only -->
<style scoped>
h3 {
  margin: 40px 0 0;
}
ul {
  list-style-type: none;
  padding: 0;
}
li {
  display: inline-block;
  margin: 0 10px;
}
a {
  color: #42b983;
}
</style>
```

HelloWorld.vue 子组件的结构与 App.vue 根组件的结构相同，也包含了 3 部分。

<script> 导出了一个 msg 的 String 类型的属性变量，该变量在 <template> 的 <h1>{{ msg }}</h1>进行了绑定。这样，在界面渲染完成时，界面中的{{ msg }}位置的内容会被该属性变量的值所替换。那么 msg 属性变量的值到底是什么呢？返回 App.vue 根组件的代码：

```
<template>
  <img alt="Vue logo" src="./assets/logo.png">
  <HelloWorld msg="Welcome to Your Vue.js App"/>
</template>
```

可以看到，HelloWorld.vue 子组件的 msg 属性值是“Welcome to Your Vue.js App”。这意味着 HelloWorld.vue 子组件可以接收 App.vue 根组件的传值。

msg 属性值在界面实际渲染的效果如图 2-12 所示。

图 2-12　msg 属性值在界面实际渲染的效果

2.4　在 Vue.js 应用中使用 TypeScript

随着应用规模的增长，越来越多的开发者认识到静态语言的好处。静态类型系统可以避免许多潜在的运行错误，这就是为什么 Vue.js 3 是采用 TypeScript 编写的。这意味着在 Vue.js 应用开发中，使用 TypeScript 进行开发不需要任何其他工具。本书所有实例也都是采用 TypeScript 编写的。

有两种方法可以实现在 Vue.js 3 应用中使用 TypeScript。

2.4.1　基于“Vue 3 Preview”创建项目

如果使用“Vue 3 Preview”创建项目，如图 2-13 所示，正如前文创建“hello-world”应用那样，则可以采用以下的步骤实现对 TypeScript 的支持。

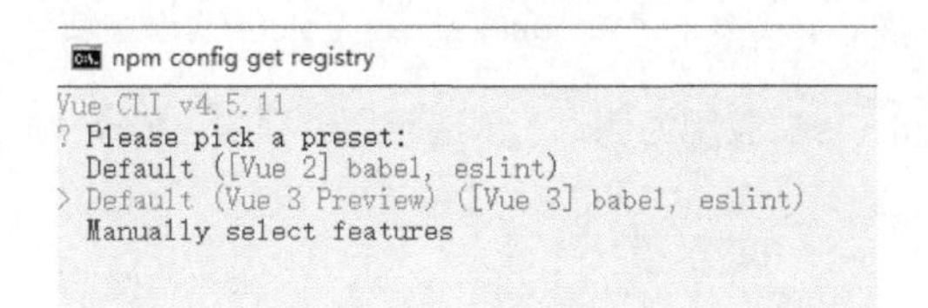

图 2-13　基于“Vue 3 Preview”创建项目

以“hello-world-add-ts”应用为例，在应用的根目录下执行以下命令：

```
vue add typescript
```

此时，在命令行中会出现提示框，根据提示选择“Y”即可。如果看到如图 2-14 所示的输出内容，则证明已成功添加 TypeScript 的支持。

```
C:\Windows\System32\cmd.exe

D:\workspaceGithub\vuejs-enterprise-application-development\samples>cd hello-world-add-ts

D:\workspaceGithub\vuejs-enterprise-application-development\samples\hello-world-add-ts>vue add typescript
 WARN  There are uncommitted changes in the current repository, it's recommended to commit or stash them first.
? Still proceed? Yes

□□□ Installing @vue/cli-plugin-typescript...


added 52 packages in 5s
✓  Successfully installed plugin: @vue/cli-plugin-typescript

? Use class-style component syntax? Yes
? Use Babel alongside TypeScript (required for modern mode, auto-detected polyfills, transpiling JSX)? Yes
? Convert all .js files to .ts? Yes
? Allow .js files to be compiled? Yes
? Skip type checking of all declaration files (recommended for apps)? Yes

□□□ Invoking generator for @vue/cli-plugin-typescript...
□□□ Installing additional dependencies...


added 16 packages in 11s
⚓  Running completion hooks...

✓  Successfully invoked generator for plugin: @vue/cli-plugin-typescript
```

图 2-14　添加 TypeScript 的支持

2.4.2　基于“Manually select features”创建项目

如果使用“Manually select features”创建项目，如图 2-15 所示，则可以选择 TypeScript 作为支持选项，具体步骤如下。

```
npm config get registry
Vue CLI v4.5.11
? Please pick a preset:
  Default ([Vue 2] babel, eslint)
  Default (Vue 3 Preview) ([Vue 3] babel, eslint)
> Manually select features
```

图 2-15　基于“Manually select features”创建项目

以“hello-world-with-ts”应用为例，在创建应用过程中，选择“TypeScript”，如图 2-16 所示，按“Enter”键。

```
npm config get registry
Vue CLI v4.5.11
? Please pick a preset: Manually select features
? Check the features needed for your project:
 (*) Choose Vue version
 (*) Babel
>(*) TypeScript
 ( ) Progressive Web App (PWA) Support
 ( ) Router
 ( ) Vuex
 ( ) CSS Pre-processors
 (*) Linter / Formatter
 ( ) Unit Testing
 ( ) E2E Testing
```

图 2-16　选择“TypeScript”

选择“3.x (Preview)”，如图 2-17 所示，按“Enter”键。

```
npm config get registry
Vue CLI v4.5.11
? Please pick a preset: Manually select features
? Check the features needed for your project: Choose Vue version, Babel, TS, Linter
? Choose a version of Vue.js that you want to start the project with
  2.x
> 3.x (Preview)
```

图 2-17　选择“3.x (Preview)”

按照默认选项进行选择即可，其过程如图 2-18～图 2-22 所示。

```
npm config get registry
Vue CLI v4.5.11
? Please pick a preset: Manually select features
? Check the features needed for your project: Choose Vue version, Babel, TS, Linter
? Choose a version of Vue.js that you want to start the project with
  2.x
> 3.x (Preview)
```

图 2-18　过程（1）

```
npm config get registry
Vue CLI v4.5.11
? Please pick a preset: Manually select features
? Check the features needed for your project: Choose Vue version, Babel, TS, Linter
? Choose a version of Vue.js that you want to start the project with 3.x (Preview)
? Use class-style component syntax? Yes
? Use Babel alongside TypeScript (required for modern mode, auto-detected polyfills, transpiling JSX)? Yes
? Pick a linter / formatter config: Basic
? Pick additional lint features: Lint on save
? Where do you prefer placing config for Babel, ESLint, etc.? (Use arrow keys)
> In dedicated config files
  In package.json
```

图 2-19　过程（2）

```
npm config get registry
Vue CLI v4.5.11
? Please pick a preset: Manually select features
? Check the features needed for your project: Choose Vue version, Babel, TS, Linter
? Choose a version of Vue.js that you want to start the project with 3.x (Preview)
? Use class-style component syntax? Yes
? Use Babel alongside TypeScript (required for modern mode, auto-detected polyfills, transpiling JSX)? Yes
? Pick a linter / formatter config: Basic
? Pick additional lint features: Lint on save
? Where do you prefer placing config for Babel, ESLint, etc.? In dedicated config files
? Save this as a preset for future projects? (y/N) y
```

图 2-20　过程（3）

```
npm config get registry
Vue CLI v4.5.11
? Please pick a preset: Manually select features
? Check the features needed for your project: Choose Vue version, Babel, TS, Linter
? Choose a version of Vue.js that you want to start the project with 3.x (Preview)
? Use class-style component syntax? Yes
? Use Babel alongside TypeScript (required for modern mode, auto-detected polyfills, transpiling JSX)? Yes
? Pick a linter / formatter config: Basic
? Pick additional lint features: Lint on save
? Where do you prefer placing config for Babel, ESLint, etc.? In dedicated config files
? Save this as a preset for future projects? Yes
? Save preset as: _
```

图 2-21 过程（4）

```
npm config get registry
Vue CLI v4.5.11
? Please pick a preset: Manually select features
? Check the features needed for your project: Choose Vue version, Babel, TS, Linter
? Choose a version of Vue.js that you want to start the project with 3.x (Preview)
? Use class-style component syntax? Yes
? Use Babel alongside TypeScript (required for modern mode, auto-detected polyfills, transpiling JSX)? Yes
? Pick a linter / formatter config: (Use arrow keys)
> ESLint with error prevention only
  ESLint + Airbnb config
  ESLint + Standard config
  ESLint + Prettier
  TSLint (deprecated)
```

图 2-22 过程（5）

如果看到如图 2-23 所示的输出结果，则证明项目创建完成。

```
C:\Windows\System32\cmd.exe
Vue CLI v4.5.11
✨ Creating project in D:\workspaceGithub\vuejs-enterprise-application-development\samples\hello-world-with-ts.
⚙ Installing CLI plugins. This might take a while...


added 1337 packages in 30s
□□ Invoking generators...
□□ Installing additional dependencies...


added 92 packages in 8s
⚓ Running completion hooks...

□□ Generating README.md...

□□ Successfully created project hello-world-with-ts.
□□ Get started with the following commands:

 $ cd hello-world-with-ts
 $ npm run serve
```

图 2-23 项目创建完成

2.4.3 TypeScript 应用的差异

相比 JavaScript 的应用而言，添加了 TypeScript 的 Vue.js 应用的目录结构如图 2-24 所示。

名称	修改日期	类型	大小
node_modules	2021/2/25 23:43	文件夹	
public	2021/2/25 23:42	文件夹	
src	2021/2/25 23:43	文件夹	
.gitignore	2021/2/25 23:43	文本文档	1 KB
babel.config.js	2021/2/25 23:43	JavaScript 文件	1 KB
package.json	2021/2/25 23:43	JSON 文件	2 KB
package-lock.json	2021/2/25 23:43	JSON 文件	1,069 KB
README.md	2021/2/25 23:43	MD 文件	1 KB
tsconfig.json	2021/2/25 23:43	JSON 文件	1 KB

图 2-24　添加了 TypeScript 的 Vue.js 应用的目录结构

这些差异如下。

- 添加了 TypeScript 的配置文件 tsconfig.json。
- 在 package.json 和 package-lock.json 中添加了对 TypeScript 等依赖的描述。
- main.js 被改为了 main.ts。
- 添加了 shims-vue.d.ts 文件。
- 所有在 Vue.js 组件中使用 JavaScript 的地方都改为 TypeScript。

TypeScript 版本的 App.vue 文件的代码如下：

```
<template>
  <img alt="Vue logo" src="./assets/logo.png">
  <HelloWorld msg="Welcome to Your Vue.js + TypeScript App"/>
</template>

<script lang="ts">
import { Options, Vue } from 'vue-class-component';
import HelloWorld from './components/HelloWorld.vue';

@Options({
  components: {
    HelloWorld,
  },
})
export default class App extends Vue {}
</script>

<style>
```

```
#app {
  font-family: Avenir, Helvetica, Arial, sans-serif;
  -webkit-font-smoothing: antialiased;
  -moz-osx-font-smoothing: grayscale;
  text-align: center;
  color: #2c3e50;
  margin-top: 60px;
}
</style>
```

第 2 篇　基础

第3章 TypeScript基础

TypeScript是开发Vue.js应用的基石。虽然可以使用JavaScript来开发Vue.js应用，但是TypeScript要比JavaScript的特性更强大，可以轻易地实现面向对象编程。TypeScript是开发大型的、可维护的Vue.js应用的有力工具。建议读者尝试使用TypeScript来开发Vue.js应用。

配套资源 本章所有实例的代码在“typescript-demos”目录下。

如果读者熟悉TypeScript，则可以跳过本章的学习。

3.1 TypeScript概述

下面介绍一下TypeScript与其他语言的异同点。

3.1.1 TypeScript与JavaScript、ECMAScript的关系

TypeScript设计的目的是作为JavaScript和ECMAScript的超集。TypeScript也可以被看作“更好的JavaScript”。TypeScript充分利用了JavaScript原有的对象模型，并在此基础上进行了扩充，因此，任何合法的JavaScript都可以用在TypeScript中。

TypeScript是以JavaScript为目标语言的一种编译语言，并且提供了向原生JavaScript转换的编译器。如果想要运行TypeScript代码，则先通过编译器将TypeScript代码编译成JavaScript文件，然后才能被浏览器运行。

ECMAScript 是 JavaScript 的国际标准，JavaScript 是 ECMAScript 的实现。TypeScript 同样遵守 ECMAScript 规范，并对 ECMAScript 进行了扩充。

图 3-1 展示了 TypeScript 与 JavaScript、ECMAScript 的关系。

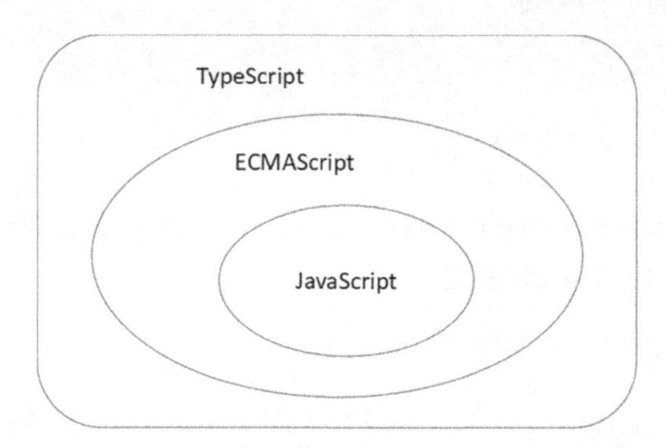

图 3-1　TypeScript 与 JavaScript、ECMAScript 的关系

3.1.2　TypeScript 与 Vue.js 的关系

早期的 Vue.js 版本都是采用 JavaScript 作为开发语言的。JavaScript 虽然简单、易写，但在开发大型互联网应用时并不合适。因为 JavaScript 代码缺乏强类型、模块化、可测试等特性，所以在企业大规模开发中很难管理它。

自 Vue.js 3 版本开始，支持使用 TypeScript 来开发 Vue.js 应用。

3.1.3　使用 TypeScript 的优势

使用 TypeScript 的优势如下。

- TypeScript 充分利用了 JavaScript 原有的对象模型，并在此基础上进行了扩充，添加了较为严格的类型检查机制、模块支持和 API 导出的能力。
- TypeScript 既使得代码组织和复用变得更加有序，又使得开发大型 Web 应用有了一套标准方法。
- TypeScript 具有静态类型检查、代码重构、测试和语言服务等特性，有利于大型团队人员协作编写代码。

3.1.4 安装 TypeScript

如果想要使用 TypeScript，则需要在本地安装 TypeScript。

执行以下命令安装 TypeScript：

```
npm install -g typescript
```

3.1.5 TypeScript 代码的编译及运行

浏览器并不能直接运行 TypeScript 代码。所有的 TypeScript 代码必须经过 TypeScript 编译器编译成 JavaScript 文件，才能被浏览器运行。

图 3-2 展示了 TypeScript 代码的编译及运行过程。

图 3-2 TypeScript 代码的编译及运行过程

1. 编写 TypeScript 代码

编写一段简单的 TypeScript 代码，并将其保存在 hello-typescript.ts 文件中，代码如下：

```
var hello = 'Hello World';
console.log('hello');
```

2. 编译 TypeScript 代码

通过 TypeScript 编译器对 hello-typescript.ts 文件进行编译。

执行以下命令进行编译：

```
tsc hello-typescript.ts
```

也可以不指定文件类型，TypeScript 编译器会自动查找.ts 文件。上述命令等同于“tsc hello-typescript”命令。

编译后，在与 hello-typescript.ts 文件相同的目录下，可以看到一个自动生成的 hello-typescript.js 文件。打开该 hello-typescript.js 文件，内容如下：

```
var hello = 'Hello World';
console.log(hello);
```

即在这个实例中，TypeScript 使用了与 JavaScript 一致的语法。

3. 运行 JavaScript 文件

在 Node.js 中运行该 JavaScript 文件，执行以下命令：

```
node hello-typescript.js
hello
```

也可以不指定文件类型，Node.js 会自动查找.js 文件。上述命令等同于“node hello-typescript”命令。

3.2 变量与常量

在 TypeScript 中，使用 var、let 声明变量，使用 const 声明常量。下面看一下三者之间的 区别与联系。

3.2.1 var、let、const 三者的作用域

相对 JavaScript 而言，在 TypeScript 中添加了 let、const，用来弥补 var 的缺陷。const 是对 let 的一个增强，不允许对一个变量再次赋值，一般用于常量。

var、let、const 三者的作用域如下。

- 使用 var 声明的变量，其作用域为该语句所在的函数内，存在变量提升。
- 使用 let 声明的变量，其作用域为该语句所在的代码块内，不存在变量提升。
- 使用 const 一般声明的是常量，不能在后面出现的代码中修改该常量的值。

3.2.2 变量与常量的区别

const 用于声明常量。常量是相对变量而言的。变量在被赋值之后可以被修改，而常量则不能被修改。

观察下面 type/variable/constant-scope.ts 的实例：

```
const x = 1;             // 常量 x
let y = 1;               // 变量 y
console.log('x is:' + x);
console.log('y is:' + y);
x = 2;                   // 错误
y = 2;
console.log('x is:' + x);
console.log('y is:' + y);
```

在上面的代码中，定义了一个常量 x 及一个变量 y，并试图改变它们的值。编译时报如下错误：

```
error TS2448: Block-scoped variable 'y' used before its declaration.
```

这意味着，编译器是不允许修改常量的值的。

3.2.3 变量提升

通过下面的实例介绍变量提升的含义。

type/variable/variable-scope.ts 的代码如下：

```
var x = 1;
let y = 1;
{
    var x = 2;
    let y = 2;
    console.log('x in function:' + x);
    console.log('y in function:' + y);
}
console.log('x is:' + x);
console.log('y is:' + y);
```

输出结果如下：

```
x in function:2
y in function:2
x is:2
y is:1
```

var 定义的变量在方法体中被重新定义和修改了，这就是变量提升。而 let 定义的变量并未受到方法体中变量的影响，输出的仍然是最初定义的值。

在大型项目里，由于有许多.ts 文件，且文件之间存在着相互引用。所以，为了防止变量误用导致不可预估的结果，尽量采用 let 和 const 代替 var。

3.3 TypeScript 数据类型

与 JavaScript 相比，TypeScript 最大的差异就在于数据类型。TypeScript 具备静态类型检查功能，可以在编译期间快速定位类型错误的问题。

3.3.1 基本类型

TypeScript 的基本类型包括 Number、Boolean、String、Symbol、Void、Null、Undefined，以及用户定义的枚举类型。

1. Number

Number 类型对应 JavaScript 中的 Number 类型，用来表示双精度 64 位格式 IEEE 754 浮点值。关键字“number”表示 Number 类型。

观察下面“type/primitive-type/number-type.ts”实例：

```
var x: number;                      // 指定类型
var y = 0;                          // 等同于 y: number = 0
var z = 123.456;                    // 等同于 z: number = 123.456
var s = z.toFixed(2);               // 使用了 Number 接口属性
console.log('x type is:' + typeof x); //x type is:undefined
console.log('y type is:' + typeof y); //y type is:number
console.log('z type is:' + typeof z); //z type is:number
console.log('s type is:' + typeof s); //s type is:string
```

其中，变量说明如下。

- 变量 x 指定了 Number 类型。
- 变量 y 和 z 并没有指定类型，TypeScript 会根据所赋的值来推导出类型。

- 变量 s 的类型是通过“Number.toFixed(fractionDigits?: number): string”方法来返回的。

通过 typeof()函数，能够在控制台上看到各个变量的类型。

```
x type is:undefined
y type is:number
z type is:number
s type is:string
```

在这里读者可能会感到疑惑，为什么将变量 x 声明为 Number 类型，但实际的类型仍然是 Undefined?

TypeScript 规范指出，只要是未被赋值的变量都是 Undefined 类型的。

所以，给变量 x 赋初始值 1：

```
var x = 1; // 赋值
console.log('x type is:' + typeof x);
```

在控制台上再次查看该变量的类型，此时，变量 x 就是 Number 类型：

```
x type is:number
```

2. Boolean

Boolean 类型对应 JavaScript 中的 Boolean 类型，用来表示 true 或 false 的逻辑值。关键字“boolean”表示 Boolean 类型。

观察下面“type/primitive-type/boolean-type.ts”实例：

```
var b: boolean;                             // 指定类型
var yes = true;                             // 等同于 yes: boolean = true
var no = false;                             // 等同于 no: boolean = false
console.log('b type is:' + typeof b);       //b type is:undefined
console.log('yes type is:' + typeof yes);   //yes type is:boolean
console.log('no type is:' + typeof no);     //no type is:boolean
b = false;                                  // 赋值
console.log('b type is:' + typeof b);       //b type is:boolean
```

其中，变量说明如下。

- 变量 b 指定了 Boolean 类型。
- 变量 yes 和 no 并没有指定类型，TypeScript 会根据所赋的值来推导出类型。

通过 typeof()函数，能够在控制台上看到各个变量的类型。

```
b type is:undefined
yes type is:boolean
no type is:boolean
b type is:boolean
```

同样地，由于变量 b 一开始未被赋值，所以也是 Undefined 类型。变量 b 在被赋值为 false 后，变为了 Boolean 类型。

3. String

String 类型对应 JavaScript 中的 String 类型，用来表示存储为 Unicode UTF-16 的字符序列。关键字“string”表示 String 类型。

观察下面“type/primitive-type/string-type.ts”实例：

```
var s: string;                    // 指定类型
var empty = "";                   // 等同于 empty: string = ""
var abc = 'abc';                  // 等同于 abc: string = "abc"
var c = abc.charAt(2);            // 使用了 String 接口属性
console.log('s type is:' + typeof s);            //s type is:undefined
console.log('empty type is:' + typeof empty);    //empty type is:string
console.log('abc type is:' + typeof abc);        //abc type is:string
console.log('c type is:' + typeof c);            //c type is:string
s = 'false';                                     // 赋值
console.log('s type is:' + typeof s);            //s type is:string
```

其中，变量说明如下。

- 变量 s 指定了 String 类型。
- 变量 empty 和 abc 并没有指定类型，TypeScript 会根据所赋的值来推导出类型。
- 变量 c 的类型是通过“String.charAt(pos: number): string”方法来返回的。

通过 typeof()函数，能够在控制台上看到各个变量的类型。

```
s type is:undefined
empty type is:string
abc type is:string
c type is:string
s type is:string
```

同样地，由于变量 s 一开始未被赋值，所以也是 Undefined 类型。变量 s 在被赋值为 false 后，变为了 String 类型。

4. Symbol

Symbol 类型对应 JavaScript 中的 Symbol 类型，用来表示对象属性的键。这些键都是唯一的。关键字“symbol”表示 Symbol 类型。

5. Void

如果函数不需要返回值，则使用 Void 类型。关键字“void”表示 Void 类型，表示默认值。

Void 类型的值是 null 和 undefined。Void 类型是任意类型的子类型，是 Null 和 Undefined 类型的超类型。

6. Null

Null 类型对应 JavaScript 中的 Null 类型。

null 表示引用 Null 类型的值。无法直接引用 Null 类型本身。

Null 类型是除 Undefined 类型外的所有类型的子类型。这意味着，null 可以被认为是所有基本类型、对象类型、联合类型、交集类型和类型参数的有效值，甚至包括 Number 类型和 Boolean 类型。

观察下面“type/primitive-type/null-type.ts”实例：

```
var n: number = null;      // 基本类型可以被赋值为 null
var x = null;              // 等同于 x: any = null
var e: Null;               // 错误，不能直接引用 Null 类型
```

变量 n、x 的声明是合法的。变量 e 的声明是非法的，因为不能直接引用 Null 类型。

7. Undefined

Undefined 类型与 JavaScript 中的 Undefined 类型一致。

undefined 表示未初始化变量的值，并且是 Undefined 类型的唯一值。无法直接引用 Undefined 类型本身。

Undefined 类型是所有类型的子类型。这意味着，undefined 可以被认为是所有基本类型、对象类型、联合类型、交集类型和类型参数的有效值。

观察下面“type/primitive-type/undefined-type.ts”实例：

```
var n: number;                 // 等同于 n: number = undefined
var x = undefined;             // 等同于 x: any = undefined
var e: Undefined;              // 错误，不能直接引用 Undefined 类型
```

变量 n、x 的声明是合法的。变量 e 的声明是非法的，因为不能直接引用 Undefined 类型。

8. 枚举

枚举类型是不同用户定义的 Number 类型的子类型。枚举类型使用枚举声明及类型引用声明。枚举类型可以分配给 Number 类型，反之亦然，但不同的枚举类型不能彼此分配。

下面是一个枚举类型的实例：

```
enum Direction {
    Up = 1,
    Down = 2,
    Left = 3,
    Right = 4
}
```

有关枚举类型的详细内容，后续会进行详细探讨。

3.3.2 对象类型

在面向对象编程语言中，对象（Object）是非常重要的一种类型。对象类型由属性、调用签名、构造签名和索引签名等成员组成。

类和接口类型、数组类型、元组类型、函数类型、构造函数类型都是对象类型。TypeScript 可以创建对象类型。

3.3.3 任意类型

有时需要描述“在编写应用时还不知道”的变量类型。这些值可能来自动态内容，如来自用户或第三方库。在这些情况下，可以选择退出类型检查，让这些值通过编译器的检查。为此，使用任意类型来标记这种类型。

1. 用 any 表示任意类型

在下面“type/any-type/any-type.ts”实例中，用 any 表示任意类型：

```
let notSure: any = 4;
notSure = "也许是字符串";
notSure = false;    // 现在是 Boolean 类型
```

任意类型使用了现有 JavaScript 的强大方法，允许在编译期间选择加入和退出类型检查。

任意类型与对象类型有些类似。但是，对象类型的变量只允许被分配任意值，而不能在它们上面调用任意方法，这是与任意类型最大的差异。

2. 用 Object 表示任意类型

观察下面“type/any-type/any-function.ts”实例：

```
let notSure: any = 4;
notSure.ifItExists();           // ifItExists()方法可能在运行时存在
notSure.toFixed();              // toFixed()方法存在
let prettySure: Object = 4;
prettySure.toFixed();           // 错误，在 Object 类型中不存在 toFixed()方法
```

notSure 变量所使用的方法在编译期间不会有任何问题，但是 prettySure 变量会报“error TS2339: Property ‘toFixed’ does not exist on type ‘Object’.”错误，因为 toFixed()不是 Object 类型的方法。

3. 演示任意类型的使用

有一个数组，该数组中有不同类型的元素，代码如下：

```
let a: any[] = [1, true, 'free'];
```

可以对该数组中的元素执行替换或追加操作。替换的元素可以与被替换的元素类型不一致。比如，将数组中的 true、'free'元素分别替换为 2、3，并追加元素 4，代码如下：

```
a[1] = 2;
a[2] = 3;
a[3] = 4;
```

完整的实例“type/any-type/any-array.ts”代码如下：

```
let a: any[] = [1, true, 'free'];
a.forEach(element => {
console.log(element);
});
a[1] = 2;
```

```
a[2] = 3;
a[3] = 4;
a.forEach(element => {
console.log(element);
});
```

输出结果如下：

```
1
true
free
1
2
3
4
```

可以看到，原有的 true 和'free'分别是 Boolean 和 String 类型，都被替换为 Number 类型。

3.3.4　联合类型

联合类型表示可以将变量设置为多种类型中的一种。联合类型“A | B”的值是类型 A 或类型 B 的值。

观察下面“type/union-type/union-type.ts”实例：

```
var x: string | number;
var test: boolean;
x = "hello";   // 正确
x = 42;        // 正确
x = test;      // 错误，未关联 boolean
```

变量 x 被声明为 String 和 Number 的联合类型，因此，其被赋值为“hello”和 42 都是正确的。而当变量 x 被赋值为 Boolean 类型时，会报“error TS2322: Type ‘false | 0’ is not assignable to type ‘string | number’.”错误。

3.3.5　交集类型

交集类型是把多种类型叠加到一起形成的一种新类型，新类型包含了被叠加类型的特性。

观察下面“type/intersection-type/intersection-type.ts”实例：

```
interface A { a: number }
interface B { b: number }
var ab: A & B = { a: 1, b: 1 };
var a: A = ab;                // A 可归属于 A & B
var b: B = ab;                // B 可归属于 A & B
interface X { p: A }
interface Y { p: B }

var xy: X & Y = { p: ab };    // X & Y 有一个 A & B 类型的属性
type F1 = (a: string, b: string) => void;
type F2 = (a: number, b: number) => void;
var f: F1 & F2 = (a: string | number, b: string | number) => { };
f("hello", "world");          // 正确
f(1, 2);                      // 正确
f(1, "test");                 // 错误
```

3.4 强大的面向对象体系

JavaScript 程序使用函数和基于原型的继承来创建可重用的组件。这对于熟练使用面向对象方式的程序员来讲就有些棘手，因为他们使用的是基于类的继承，并且对象是由类构建的。

TypeScript 提供了强大的类型，能够支持完善的面向对象体系。如果读者有其他语言（如 Java、ActionScript 等）面向对象编程的经验，则理解 TypeScript 的面向对象体系就会非常容易。

3.4.1 类

1. 类的定义与使用

使用关键字“class”来定义类。实例代码如下：

```
class Greeter {
    greeting: string;
    // 构造函数
    constructor(message: string) {
        this.greeting = message;
    }
    // 欢迎方法
```

```
    greet() {
        return "Hello, " + this.greeting;
    }
}

// 初始化
let greeter = new Greeter("Way Lau");
console.log(greeter.greet());
```

在该实例中定义了一个名为“Greeter”的类。该类具有 greeting 属性、constructor()构造函数、greet()方法等成员。

读者可能注意到，在引用任何一个类成员时都使用了 this，它表示访问的是类的成员。

通过“new”关键字能够初始化 Greeter 类的一个实例，并使用实例的 greet()方法来输出欢迎信息。以下是控制台输出内容：

```
Hello, Way Lau
```

2. 继承

类可以被继承。实例代码如下：

```
class Animal {
    name: string;
    constructor(theName: string) {
        this.name = theName;
    }
    move(distanceInMeters: number = 0) {
        console.log(`${this.name} moved ${distanceInMeters}m.`);
    }
}

class Snake extends Animal {
    constructor(name: string) {
        super(name);
    }
    move(distanceInMeters = 5) {
        console.log("Slithering...");
        super.move(distanceInMeters);
    }
```

```
}

class Horse extends Animal {
    constructor(name: string) { super(name); }
    move(distanceInMeters = 45) {

    console.log("Galloping...");
        super.move(distanceInMeters);
    }
}

let sam = new Snake("Snake Sammy");
let tom: Animal = new Horse("Horse Tommy");

sam.move();
tom.move(34);
```

Animal 表示动物的基类。Snake（蛇）和 Horse（马）都属于动物，因此它们都可以继承 Animal 类，具备动物的一般特征。在本实例中，动物的一般特征是都有自己的名字，并且能够移动（move）。通过 new Snake 和 new Horse 分别实现 Snake 类和 Horse 类的实例化，并让每个实例拥有各自不同的 move()方法。

3. public、private 与 protected 修饰符

在上面实例中，可以自由地访问程序中定义的成员。读者可能注意到，在之前的代码中并没有使用 public 进行修饰。

在 TypeScript 中，共有以下 3 种修饰符。

- public 修饰符：外部可以自由访问该修饰符所标记的成员。成员默认是 public 类型。
- private 修饰符：当成员被标记为 private 时，不能在声明它的类的外部访问。
- protected 修饰符：与 private 修饰符的功能相似，但有一点不同，protected 成员在派生类中仍然可以被访问。

4. 静态属性

目前只讨论了类的实例成员，即那些仅当类被实例化时才会被初始化的属性。也可以创建类的静态成员，这些属性存在于类本身，而不是类的实例上。

实例代码如下：

```
class Grid {
    static origin = {x: 0, y: 0};
    calculateDistanceFromOrigin(point: {x: number; y: number;}) {
        let xDist = (point.x - Grid.origin.x);
        let yDist = (point.y - Grid.origin.y);
        return Math.sqrt(xDist * xDist + yDist * yDist) / this.scale;
    }
    constructor (public scale: number) { }
}

let grid1 = new Grid(1.0); // 指定系数为 1
let grid2 = new Grid(5.0); // 指定系数为 5

console.log(grid1.calculateDistanceFromOrigin({x: 10, y: 10}));
console.log(grid2.calculateDistanceFromOrigin({x: 10, y: 10}));
```

在这个实例中，使用“static”关键字定义 origin，因为它是所有网格都会用到的属性。每个实例想要访问这个属性，都要在 origin 前面加上类名。如同在实例属性上使用“this.”前缀来访问属性一样，在这里使用“Grid.”来访问静态属性。

5. 抽象类

抽象类是其他派生类的基类，它们一般不会直接被实例化。不同于接口，抽象类可以包含成员的实现细节。

“abstract”关键字用于定义抽象类，并在抽象类内部定义抽象方法。实例代码如下：

```
abstract class AbstractAnimal {
    abstract makeSound(): void;
    move(): void {
        console.log('roaming the earch...');
    }
}
```

抽象类中的抽象方法不包含具体实现，并且必须在派生类中实现。抽象方法的语法与接口方法的语法相似，两者都只定义方法签名，而不包含方法体。抽象方法必须包含“abstract”关键字，并且可以包含访问修饰符。实例代码如下：

```
abstract class AbstractAnimal {
    abstract makeSound(): void;
        move(): void {
        console.log('roaming the earch...');
    }
}

abstract class Department {
    constructor(public name: string) {
}

printName(): void {
    console.log('Department name: ' + this.name);
}

abstract printMeeting(): void;              // 必须在派生类中实现
}

class AccountingDepartment extends Department {
        constructor() {
        super('Accounting and Auditing');   // 派生类中的构造函数必须调用 super()方法
    }

    printMeeting(): void {
        console.log('The Accounting Department meets each Monday at 10am.');
    }
    generateReports(): void {
        console.log('Generating accounting reports...');
    }
}

let department: Department;                 // 创建对抽象类型的引用
department = new Department();              // 错误，无法创建抽象类的实例
department = new AccountingDepartment();    // 正确
department.printName();
department.printMeeting();
department.generateReports();               // 错误，该方法不存在于抽象类中
```

3.4.2 接口

接口就是契约，用于约定代码或第三方代码是如何被执行、调用的。接口也可以通过继承来实现扩展。

3.4.3 【实战】演示接口的使用

1. 接口定义

可以使用“interface”关键字来定义接口。下面是一个定义接口的实例：

```
interface ClockInterface {
    currentTime: Date;                        // 当前时间
}
```

2. 接口实现

可以使用“implements”关键字来实现接口。下面是一个实现 ClockInterface 接口的实例：

```
class Clock implements ClockInterface {
    currentTime: Date;                        // 当前时间
    constructor(h: number, m: number) { }     // 构造函数
}
```

3. 接口继承

接口可以通过继承来实现扩展。下面是一个接口继承的实例：

```
interface Shape {
    color: string;
}

interface Square extends Shape {
    sideLength: number;
}

let square = <Square>{};
square.color = "blue";
square.sideLength = 10;
```

3.4.4 泛型

在大型软件中，不仅要创建一致的、定义良好的 API，也要考虑组件的重用性。组件不仅能支持当前的数据类型，也能支持未来的数据类型。使用泛型就能创建可重用的组件。

泛型已经被广泛应用在 C#和 Java 这类语言中。TypeScript 同样也支持泛型。

3.4.5 【实战】演示泛型的使用

下面创建一个使用泛型的实例。identity()函数会返回任何传入它的值。

1. 不使用泛型的情况

下面是不使用泛型的实例：

```
function identity(arg: number): number {
    return arg;
}
```

或者，使用 any 类型来定义 identity()函数：

```
function identity(arg: any): any {
    return arg;
}
```

虽然使用 any 类型后 identity()函数已经能接收任何类型的 arg 参数，但是丢失了一些信息，无法保证传入的参数类型与返回值的类型是相同的。因此，需要利用一种方法，使返回值的类型与传入的参数类型是相同的。

2. 使用泛型的情况

下面是使用了泛型的实例：

```
function identity<T>(arg: T): T {
    return arg;
}
```

给 identity 添加一个类型变量 T。T 用于捕获用户传入的类型（如 Number），然后就可以使用该类型。可以再次使用 T 作为返回值类型。现在参数类型与返回值类型是相同的。之所以被叫作泛型，是因为它可以适用于多种类型。不同于使用 any 类型，它不会丢失类型信息。

在定义了泛型函数后，可以通过两种方法来使用它。

第一种是传入所有的参数，包含类型参数，代码如下：

```
let output = identity<string>("I am a String");
```

这里指定了 T 是 String 类型，并作为一个参数传递给函数。

第二种是利用类型推导，可以省略显式传入类型，编译器会根据传入的参数自动确定 T 的类型（这种方法更普遍）；代码如下：

```
let output = identity("I am a String");
```

3.4.6 枚举

枚举类型通过“enum”关键字来定义。下面是一个枚举类型的实例：

```
enum Direction {
    Up = 1,
    Down = 2,
    Left = 3,
    Right = 4
}
```

一个枚举类型可以包含 0 个或多个枚举成员。枚举成员具有一个数值，它可以是常量或通过计算得出的值。当满足以下任何一个条件时，枚举成员被当作常量。

- 不具有初始化函数，并且之前的枚举成员是常量。在这种情况下，当前枚举成员的值为上一个枚举成员的值加 1。但第一个枚举成员是一个例外。如果它没有初始化函数，则它的初始值为 0。
- 枚举成员使用常量枚举表达式初始化。常量枚举表达式是 TypeScript 表达式的子集，它可以在编译阶段求值。

下面的实例展示了枚举成员被当作通过计算得出的值：

```
enum FileAccess {
    // 常量成员
    None,
    Read = 1 << 1,
    Write = 1 << 2,
    ReadWrite = Read | Write,
    // 计算出来的成员
    G = "123".length
}
```

3.5 TypeScript 的命名空间

命名空间是一种在命名容器的层次结构中组织代码和声明的机制。

命名空间具有命名成员，每个成员表示值、类型、命名空间或它们的组合，并且这些成员可以是本地成员或导出成员。

命名空间的主体对应执行一次的函数，从而提供用于保持局部状态并确保隔离的机制。

命名空间可以被认为是“立即调用的函数表达式（IIFE）模式的形式化”。

命名空间可以被简单地理解为类似于 Java 的包。在 TypeScript 中，使用命名空间（“namespace”关键字）来组织管理代码。

3.5.1 声明命名空间

命名空间可以是实例化的，也可以是非实例化的。

- 非实例化的命名空间仅包含接口类型、类型别名及其他非实例化命名空间的命名空间。
- 实例化的命名空间是不符合此定义的命名空间。

直观来说，实例化的命名空间是为其创建命名空间实例的命名空间，而非实例化的命名空间是不为其生成代码的命名空间。

当命名空间标识符被引用为 NamespaceName 时，它表示命名空间和类型名称的容器；当命名空间标识符被引用为 PrimaryExpression 时，它表示命名空间的单实例。

3.5.2 【实战】声明命名空间

下面是一个声明命名空间的实例：

```
namespace M {
    export interface P { x: number; y: number; }
    export var a = 1;
}
```

```
var p: M.P;           // M 作为 NamespaceName
var m = M;            // M 作为 PrimaryExpression
var x1 = M.a;         // M 作为 PrimaryExpression
var x2 = m.a;         // 等同于 M.a
var q: m.P;           // 错误
```

在该实例中，当 M 作为 PrimaryExpression 时，表示 M 具有单个类型成员 a 的对象实例；当 M 作为 NamespaceName 时，表示 M 具有单个类型成员 P 的容器。

实例中的最后一行代码是错误的，因为 m 是一个无法在类型名称中引用的变量。如果上面的 M 声明排除了导出的变量 a，则 M 是一个非实例化的命名空间，将 M 作为 PrimaryExpression 引用是错误的。

指定具有多个标识符的 IdentifierPath 的命名空间声明等同于一系列嵌套的单标识符命名空间声明，其中，除最外层外的所有标识符都会自动导出。例如：

```
namespace A.B.C {
    export var x = 1;
}
```

等同于：

```
namespace A {
    export namespace B {
        export namespace C {
            export var x = 1;
        }
    }
}
```

3.5.3　命名空间体

命名空间体对应执行一次已初始化命名空间实例的函数。

3.5.4　导入别名声明

导入别名声明用于为其他命名空间中的实体创建本地别名。

由单个标识符组成的 EntityName 被解析为 NamespaceName，因此需要引用命名空间。生成的本地别名引用给定的命名空间，并且本身被归类为命名空间。

由多个标识符组成的 EntityName 被解析为 NamespaceName，后跟一个标识符，该标识符指定给命名空间中的导出实体。生成的本地别名具有引用实体的所有含义。实际上，就好像导入的实体是使用本地别名在本地声明的一样。

3.5.5 【实战】导入别名声明

下面是一个导入别名声明的实例：

```
namespace A {
    export interface X { s: string }
    export var X: X;
}

namespace B {
    interface A { n: number }
    import Y = A;          // Y 仅作为命名空间 A 的别名
    import Z = A.X;        // Z 作为 A.X 的别名
    var v: Z = Z;
}
```

在 B 中，Y 仅是命名空间 A 的别名，而不是本地接口 A 的别名；而 Z 是 A.X 的别名。

如果 EntityName 的 NamespaceName 部分引用实例化的命名空间，则在评估为表达式时，NamespaceName 需要引用命名空间实例。观察下面的实例：

```
namespace AA {
    export interface XX { s: string }
}

namespace BB {
    var AA = 1;
    import YY = AA;
}
```

YY 是非实例化命名空间 AA 的本地别名。如果更改 AA 的声明，使得 AA 成为实例化的命名空间（如通过在 AA 中包含变量声明），则 BB 中的“import YY=AA;”是一个错误语句，因为表达式 AA 不是引用命名空间 AA 的命名空间实例。

当 import 语句包含 export 修饰符时，将导出本地别名的所有含义。

3.5.6 导出声明

导出声明用于从外部访问命名空间成员。任何声明（如变量、函数、类、类型别名或接口）都能够通过添加“export”关键字来导出。

在命名空间的导出声明中，空间的成员构成了命名空间的导出成员集。命名空间的实例类型是一种对象类型，其命名空间的导出成员集中的每个成员都有一个属性，表示一个值。

导出的成员依赖于（可能为空）一组命名类型。这些命名类型必须至少与导出的成员一样可以被访问，否则会发生错误。下面是一个导出声明的实例：

```
interface A { x: string; }

namespace M {
    export interface B { x: A; }
    export interface C { x: B; }
    export function foo(c: C) {}
}
```

3.5.7 合并声明

命名空间是“开放式”的，具有相对于公共根的相同限定名称的命名空间声明可以被合并为单个命名空间。由于在命名空间的同时创建了命名空间和值，因此需要了解它们是如何合并的。

如果想要合并命名空间，则需要保证在每个命名空间中声明的导出接口的类型定义本身已被合并，形成一个内部具有合并接口定义的命名空间。

如果想要合并命名空间值，假设已经存在具有给定名称的命名空间，则可以通过获取现有命名空间并将第 2 个命名空间的导出成员添加到第 1 个命名空间来实现。

3.5.8 【实战】合并声明

观察下面合并声明的实例：

```
namespace Animals {
    export class Zebra { }
}
```

```
namespace Animals {
    export interface Legged { numberOfLegs: number; }
    export class Dog { }
}
```

该实例等同于合并后的声明：

```
namespace Animals {
    export interface Legged { numberOfLegs: number; }
    export class Zebra { }
    export class Dog { }
}
```

这种命名空间的合并非常容易理解。但是，还需要了解非导出成员的行为是否会发生变化。非导出成员仅在原始（未合并）命名空间中可见。这意味着在合并后，来自其他声明的合并成员无法看到未导出的成员。在下面的实例中，读者可以更清楚地看到这一点：

```
namespace Animal {
    let haveMuscles = true;
    export function animalsHaveMuscles() {
        return haveMuscles;
    }
}
namespace Animal {
    export function doAnimalsHaveMuscles() {
        return haveMuscles; // 错误，haveMuscles 不可访问
    }
}
```

由于未导出 haveMuscles，因此，只有共享相同未合并命名空间的 animalsHaveMuscles()函数才能看到该成员。即使 doAnimalsHaveMuscles()函数是合并的 Animal 命名空间的一部分，也无法看到未导出的成员。

3.6 TypeScript 模块

在 TypeScript 中，模块有两层含义：“内部模块”被称为“命名空间”，“外部模块”被称为“模块”（本节主要探讨的内容）。这与 ECMAScript 2015 中的术语是一致的。

3.6.1 了解模块

和命名空间一样，模块也包含代码和声明。不同的是，模块可以声明它的依赖。

模块会把依赖添加到模块加载器（如 CommonJS/Require.js）上。对于小型的 JavaScript 应用来说，这种添加可能没必要；但是，对于大型的 JavaScript 应用来说，这一点花费会带来长久的模块化和可维护性上的便利。模块也提供了更好的代码重用、更强的封闭性及更好的使用工具进行优化。

对于 Node.js 应用来说，模块是默认并推荐的组织代码的方式。

从 ECMAScript 2015 开始，模块成为编程语言内置的部分，被所有正常的解释引擎所支持。

因此，对于新项目来说，推荐使用模块作为组织代码的方式。

3.6.2 【实战】导入声明

导入声明用于从其他模块导入实体，并在当前模块中为它们提供绑定。实例代码如下：

```
import * as m from "mod";
```

导入具有给定名称的模块，并为模块本身创建本地绑定。本地绑定被分类为值（表示模块实例）和命名空间（表示类型和命名空间的容器）。实例代码如下：

```
import { x, y, z } from "mod";
```

本地绑定所指定的名称必须各自引用“给定模块的导出成员集中的实体”。除非使用了指定不同本地名称的子句，否则本地绑定具有与它们所代表的实体相同的名称和分类。

实例代码如下：

```
import { x as a, y as b } from "mod";
```

以下两种导入声明的方式完全相同：

```
import d from "mod";
import { default as d } from "mod";
```

以下导入声明的方式适用于导入给定模块而不用创建任何本地绑定（仅当导入的模块有副作用时才有用）：

```
import "mod";
```

3.6.3 【实战】导入 Require 声明

导入 Require 声明是为了方便兼容早期版本的 TypeScript。

导入 Require 声明引入了引用给定模块的本地标识符。在导入 Require 声明中指定的字符串文字被解释为模块名称。声明引入的本地标识符成为从引用模块导出的实体的别名，并且与其类别完全相同。具体来说，如果引用的模块不包含导出分配，则标识符被分类为值和命名空间；如果引用的模块包含导出分配，则标识符的分类与导出分配中指定的实体完全相同。

下面是一个导入 Require 声明的实例：

```
import m = require("mod");
```

等同于 ECMAScript 2015 中的导入声明：

```
import * as m from "mod";
```

3.6.4 【实战】导出声明

任何声明（如变量、函数、类、类型别名或接口）都能够通过添加“export”关键字来导出。

下面是一个导出声明的实例：

```
export function point(x: number, y: number) {
   return { x, y };
}
```

3.6.5 【实战】导出分配

导出分配是为了兼容早期版本的 TypeScript。导出分配将模块成员指定为要导出的实体来代替模块本身。

假设下面的实例位于 point.ts 文件中：

```
export = Point;
class Point {
   constructor(public x: number, public y: number) { }
   static origin = new Point(0, 0);
}
```

当 point.ts 文件被另一个模块导入时，导入别名“Pt”将引用导出的类。此时“Pt”既可以作为类型，也可以作为构造函数：

```
import Pt = require("./point");
var p1 = new Pt(10, 20);
var p2 = Pt.origin;
```

这里并不要求导入别名“Pt”与导出实体“Point”具有相同的名称。

3.6.6 了解 CommonJS 模块

在 CommonJS 模块中定义了编写具有隐含隐私的 JavaScript 模块的方法、导入其他模块的能力及显式导出成员的能力。CommonJS 模块兼容系统提供的 require()函数功能，可以用于同步加载其他模块以获取其单例模式实例，以及导出变量。CommonJS 模块可以向其添加属性以定义其外部 API。

下面是一个在 TypeScript 中编写的实例：

```
// -------- main.ts --------
import { message } from "./log";
message("hello");

// -------- log.ts --------
export function message(s: string) {
    console.log(s);
}
```

上面的实例使用了 CommonJS 模块，此时两个.ts 文件会被编译为两个 JavaScript 文件。一个是 main.js 文件，代码如下：

```
var log_1 = require("./log");
log_1.message("hello");
```

另一个是 log.js 文件，代码如下：

```
function message(s) {
    console.log(s);
}
exports.message = message;
```

在生成的 JavaScript 文件中可以看到，模块导入声明使用了 require()函数。仅当导入的模块或引用导入模块的本地别名在导入模块的主体中的某处引用为 PrimaryExpression 时，才会为特定的导入模块发出变量声明和 require()函数调用。如果导入的模块仅作为 NamespaceName 或 TypeQueryExpression 引用，则不会起作用。

3.6.7 了解 AMD 模式

TypeScript 提供了 AMD（Asynchronous Module Definition，异步模块定义）模式。AMD 模式遵循 AMD 规范，该规范扩展了 CommonJS 模块的规范，可以异步加载所依赖的模块。在使用 AMD 模式时，使用“define”关键字来定义回调函数。

下面是一个在 TypeScript 中编写的实例：

```
// -------- main.ts --------
import { message } from "./log";
message("hello");

// -------- log.ts --------
export function message(s: string) {
    console.log(s);
}
```

上面实例在使用 AMD 模式编译时将生成以下 JavaScript 代码。

main.js 文件中的代码如下：

```
define(["require", "exports", "./log"], function(require, exports, log_1) {
    log_1.message("hello");
}
```

log.js 文件中的代码如下：

```
define(["require", "exports"], function(require, exports) {
    function message(s) {
        console.log(s);
    }

    exports.message = message;
}
```

define()函数可以根据需要将要添加的依赖项添加到数组和参数列表中，用来表示导入的模块。其行为与 CommonJS 模块的行为类似：仅当导入的模块在导入模块的主体中的某处被引用为

PrimaryExpression 时，才会为特定的导入模块生成依赖项。如果导入的模块仅作为 NamespaceName 引用，则不会为该模块生成依赖项。

3.7 装饰器

TypeScript 和 ES6 规范都引入了“类”的概念，但在某些场景中可能需要使用某种标注来修改类及其成员。

装饰器（Decorator）提供了一种在类的声明及成员上通过元编程语法添加标注的方式。ES6 规范没有“装饰器”的概念，而 TypeScript 是支持“装饰器”的。

如果用户熟悉 Java，则对装饰器就不会陌生。TypeScript 中的装饰器类似于 Java 中的注解。

如果想要启用实验性的装饰器特性，则必须在命令行或 tsconfig.json 中启用 experimentalDecorators 编译器选项。

可以在命令行中启用装饰器选项，命令如下：

```
tsc --target ES5 --experimentalDecorators
```

如果想要在 tsconfig.json 中启用装饰器选项，则 compilerOptions 配置如下：

```
{
    "compilerOptions": {
    "target": "ES5",
    "experimentalDecorators": true
    }
}
```

3.7.1 定义装饰器

装饰器是一种特殊类型的声明，它能够被附加到类声明、方法、访问符、属性或参数上。

可以使用“@表达式”这种形式定义装饰器，其中，表达式求值后必须为一个函数。它会在运行时被调用，被装饰的声明信息作为参数传入。

例如，有一个@sealed 装饰器，用户可以这样定义 sealed()函数：

```
function sealed(constructor: Function) {
    Object.seal(constructor);
    Object.seal(constructor.prototype);
}
```

定义好装饰器后，就可以按下面的方式来使用@sealed 装饰器：

```
@sealed
class Greeter {
    greeting: string;
    constructor(message: string) {
        this.greeting = message;
    }

    greet() {
        return "Hello, " + this.greeting;
    }
}
```

3.7.2 了解装饰器的执行时机

多个装饰器可以同时应用到一个声明上。例如，可以将多个装饰器编写在同一行代码上：

```
@first @second x
```

也可以将多个装饰器编写在多行代码上：

```
@first()
@second()
x
```

当多个装饰器应用在一个声明上时，它们的求值方式与复合函数的求值方式相似。在这种情况下，当复合 first 和 second 时，复合的结果等同于 first(second(x))。

同样地，在 TypeScript 中，当多个装饰器应用在一个声明上时，会进行如下操作。

- 由上至下依次对装饰器表达式求值。
- 求值的结果会被当作函数，由下至上依次调用。

可以通过下面的实例来观察多个装饰器求值的顺序，代码如下：

```
function first() {
    console.log("first(): evaluated");

    return function (target, propertyKey: string, descriptor: PropertyDescriptor) {
        console.log("first(): called");
    }
}
function second() {
    console.log("second(): evaluated");

    return function (target, propertyKey: string, descriptor: PropertyDescriptor) {
        console.log("second(): called");
    }
}

class C {
    @first()
    @second()
    method() {}
}
```

输出结果如下：

```
first(): evaluated
second(): evaluated
second(): called
first(): called
```

3.7.3 认识 4 类装饰器

类中不同声明上的装饰器的运行顺序是不同的。装饰器的运行顺序一般是参数装饰器、方法装饰器、访问符装饰器、属性装饰器、类装饰器。

在 TypeScript 中，常用以下 4 类装饰器。

1. 类装饰器

类装饰器声明在一个类声明之前（与类声明相邻）。类装饰器应用在类的构造函数上，可以用来监视、修改或替换类定义。类装饰器不能用在声明文件（.d.ts）中，也不能用在任何外部上下文（如

declare 类）中。

类装饰器表达式会在运行时被当作函数调用，类的构造函数将作为其唯一的参数。

如果类装饰器返回一个值，则它会使用提供的构造函数来替换类的声明。

下面是一个将类装饰器@sealed 应用于 DecoratorGreeter 类上的实例：

```
@sealed
class DecoratorGreeter {
    greeting: string;

    constructor(message: string) {
        this.greeting = message;
    }

    greet() {
        return "Hello, " + this.greeting;
    }
}
```

2. 方法装饰器

方法装饰器声明在一个方法声明之前（与方法声明相邻）。它会被应用到方法的属性描述符上，可以用来监视、修改或替换方法定义。方法装饰器不能用在声明文件（.d.ts）、重载及任何外部上下文（如 declare 类）中。

方法装饰器表达式会在运行时被当作函数调用，传入以下 3 个参数。

- 对于静态成员来说是类的构造函数，对于实例成员来说是类的原型对象。
- 成员的名字。
- 成员的属性描述符。

下面是一个将@enumerable 方法装饰器应用于 DecoratorGreeter 类上的实例：

```
class DecoratorGreeter {
    greeting: string;
    constructor(message: string) {
        this.greeting = message;
    }
```

```
    @enumerable(false)
    greet() {
        return "Hello, " + this.greeting;
    }
}
```

可以使用下面的函数来定义@enumerable 方法装饰器：

```
function enumerable(value: boolean) {
    return function (target: any, propertyKey: string, descriptor: PropertyDescriptor) {
        descriptor.enumerable = value;
    };
}
```

这里的@enumerable(false)是一个方法装饰器工厂。当@enumerable(false)被调用时，它会修改属性描述符的 enumerable 属性。装饰器工厂是指以工厂模式来定义的装饰器，其表现为可以在装饰器中传递参数。

3. 属性装饰器

属性装饰器声明在一个属性声明之前（与属性声明相邻）。属性装饰器不能用在声明文件（.d.ts）或任何外部上下文（如 declare 类）中。

属性装饰器表达式会在运行时被当作函数调用，传入以下两个参数。

- 对于静态成员来说是类的构造函数，对于实例成员来说是类的原型对象。
- 成员的名字。

属性描述符不会被作为参数传入属性装饰器，这与 TypeScript 如何初始化属性装饰器有关。目前不能在定义一个原型对象的成员时描述一个实例属性，并且没有监视或修改一个属性的初始化方法。因此，属性描述符只能用来监视类中是否声明了某个名字的属性。

可以使用属性装饰器来记录这个属性对应的元数据，如下面的实例：

```
class DecoratorGreeter {
    @format("Hello, %s")
    greeting: string;

    constructor(message: string) {
```

```
        this.greeting = message;
    }

    greet() {
    let formatString = getFormat(this, "greeting");
        return formatString.replace("%s", this.greeting);
    }
}
```

然后定义@format(“Hello, %s”)属性装饰器和 getFormat()函数：

```
import "reflect-metadata";
const formatMetadataKey = Symbol("format");

function format(formatString: string) {
    return Reflect.metadata(formatMetadataKey, formatString);
}
function getFormat(target: any, propertyKey: string) {
    return Reflect.getMetadata(formatMetadataKey, target, propertyKey);
}
```

这里的@format(“Hello, %s”)是一个装饰器工厂。当@format(“Hello, %s”)被调用时，它会通过reflect-metadata库中的Reflect.metadata()函数添加一条greeting属性对应的元数据。

当 getFormat()函数被调用时，@format(“Hello, %s”)会读取 greeting 属性所对应的格式化后的元数据。

4. 参数装饰器

参数装饰器声明在一个参数声明之前（与参数声明相邻）。参数装饰器应用在类的构造函数或方法声明上。参数装饰器不能用在声明文件（.d.ts)、重载或其他外部上下文（如 declare 类）中。

参数装饰器表达式会在运行时被当作函数调用，传入以下 3 个参数。

- 对于静态成员来说是类的构造函数，对于实例成员来说是类的原型对象。
- 成员的名字。
- 参数是在函数参数列表中的索引。

下面定义了@required 参数装饰器，并将其应用在 DecoratorGreeter 类方法的一个参数上：

```
class DecoratorGreeter {
```

```
    greeting: string;

    constructor(message: string) {
        this.greeting = message;
    }

    @validate
    greet(@required name: string) {
        return "Hello " + name + ", " + this.greeting;
    }
}
```

然后定义@required 和@validate 参数装饰器：

```
import "reflect-metadata";

const requiredMetadataKey = Symbol("required");

function required(target: Object, propertyKey: string
    | symbol, parameterIndex: number) {

    let existingRequiredParameters: number[] =
        Reflect.getOwnMetadata(requiredMetada taKey, target, propertyKey) || [];
    existingRequiredParameters.push(parameterIndex);
    Reflect.defineMetadata(requiredMetadataKey, existingRequiredParameters, target,
        propertyKey);
}

function validate(target: any, propertyName: string,
    descriptor: TypedPropertyDescriptor<Function>) {
    let method = descriptor.value;
    descriptor.value = function () {
        let requiredParameters: number[] =
            Reflect.getOwnMetadata(requiredMetada taKey, target, propertyName);
        if (requiredParameters) {
            for (let parameterIndex of requiredParameters) {
                if (parameterIndex >= arguments.length
                        || arguments[parameterIndex] === undefined) {
```

```
                throw new Error("Missing required argument.");
            }
        }
    }

    return method.apply(this, arguments);
  }
}
```

@required 参数装饰器添加了元数据实体，把参数标记为必需的。@validate 参数装饰器把 greet()方法包裹在一个函数里，在调用原来的函数前验证函数参数。

第 4 章

Vue.js 应用实例——一切的起点

“应用实例”是一个应用的根源所在。在 Vue.js 的世界里，一切都是从 Vue.js 的“应用实例”开始的。在开始 Vue.js 编程之初，先创建“应用实例”。

4.1 创建“应用实例”

本节介绍如何创建“应用实例”。

4.1.1 第一个“应用实例”

所有 Vue.js 应用都是从使用 createApp 这个全局 API 创建一个新的“应用实例”开始的。

如下代码，常量 app 就是一个“应用实例”：

```
const app = Vue.createApp({ /* 选项 */ })
```

该 app 是用来在应用中注册“全局”组件的。

也可以通过以下方式创建“应用实例”：

```
import { createApp } from 'vue'

createApp(/* 选项 */);
```

上述代码通过使用 createApp 这个 API 返回一个应用实例。createApp 这个 API 是从 vue 模块导入的。

4.1.2 让“应用实例”执行方法

有了“应用实例”之后，就可以让“应用实例”执行方法，从而实现应用的功能。可以通过以下方式让“应用实例”执行方法：

```
const app = Vue.createApp({})
app.component('SearchInput', SearchInputComponent)   // 注册组件
app.directive('focus', FocusDirective)               // 注册指令
app.use(LocalePlugin)                                // 使用插件
```

当然，也可以使用以下链式调用的方式让“应用实例”执行方法，跟上面的效果是一致的：

```
Vue.createApp({})
  .component('SearchInput', SearchInputComponent)    // 注册组件
  .directive('focus', FocusDirective)                // 注册指令
  .use(LocalePlugin)                                 // 使用插件
```

链式调用是指在调用完一个方法之后，紧跟着又调用下一个方法。因为“应用实例”的大多数方法都会返回同一个实例，所以它是允许链式调用的。链式调用让代码看上去显得更加简洁。

4.1.3 理解选项对象

在上面实例中，传递给 createApp 的选项对象用于配置根组件。可以在 data property 中定义选项对象：

```
const app = Vue.createApp({
  data() {
    return { count: 4 }                // 定义选项对象
  }
})

const vm = app.mount('#app')

console.log(vm.count)                  // => 4
```

还有各种其他的组件选项，都可以将用户定义的 property 添加到组件实例中，如 methods、props、computed、inject 和 setup。无论如何定义组件实例的 property，都可以在组件的模板中访问。

Vue.js 还通过组件实例暴露了一些内置 property，如 attrs 和 emit。这些 property 都有一个“$”前缀，以避免与用户定义的 property 名产生冲突。

4.1.4　理解根组件

传递给 createApp 的选项对象用于配置根组件。当“应用实例”被挂载时，该组件被用作渲染的起点。

一个“应用实例”需要被挂载到一个 DOM 元素中才能被正常渲染。例如，如果想把一个 Vue.js 应用挂载到<div id="app"></div>，则可以按如下方式传递#app：

```
const RootComponent = { /* 选项 */ }
const app = Vue.createApp(RootComponent)
const vm = app.mount('#app') //“应用实例”被挂载到 DOM 元素#app 中
```

与大多数应用方法不同的是，mount 并不会返回应用本身。相反，mount 返回的是根组件实例。

尽管所有实例都只需要一个单一的组件，但是大多数的真实应用都是被组织成一个嵌套的、可重用的组件树。

例如，一个 todo 应用组件树如下：

```
Root Component
└ TodoList
  ├ TodoItem
  │ ├ DeleteTodoButton
  │ └ EditTodoButton
  └ TodoListFooter
    ├ ClearTodosButton
    └ TodoListStatistics
```

对于组件树来说，组件有上下层级关系，不管在哪个层级上，每个组件有自己的组件实例。这个应用中的所有组件实例都将共享同一个“应用实例”。

4.1.5 理解 MVVM 模型

MVVM（Model-View-ViewModel）本质上是 MVC 的改进版。MVVM 就是将其中的 View 的状态和行为抽象化，将应用的视图 UI 和业务逻辑分开。当然 ViewModel 已经帮我们做了这些事情，它可以在取出 Model 数据的同时帮忙处理 View 中由于需要展示内容而涉及的业务逻辑。

MVVM 最早由微软提出来，它借鉴了桌面应用的 MVC 思想，把 Model 和 View 关联起来就是 ViewModel。ViewModel 负责把 Model 的数据同步到 View 显示出来，还负责把 View 的修改同步返回 Model。

在 MVVM 架构下，View 层和 Model 层并没有直接联系，而是通过 ViewModel 层进行交互的。ViewModel 层通过双向数据绑定将 View 层和 Model 层连接起来，使得 View 层和 Model 层的同步工作完全是自动的。因此开发者只关注业务逻辑，无须手动操作 DOM，将复杂的数据状态维护交给 MVVM 统一来管理。

Vue.js 提供了对 MVVM 的支持。Vue.js 的实现方式是对数据（Model）进行劫持，当数据变动时，数据会触发劫持时绑定的方法，对视图进行更新。图 4-1 展示了 Vue.js 中 MVVM 的实现原理。

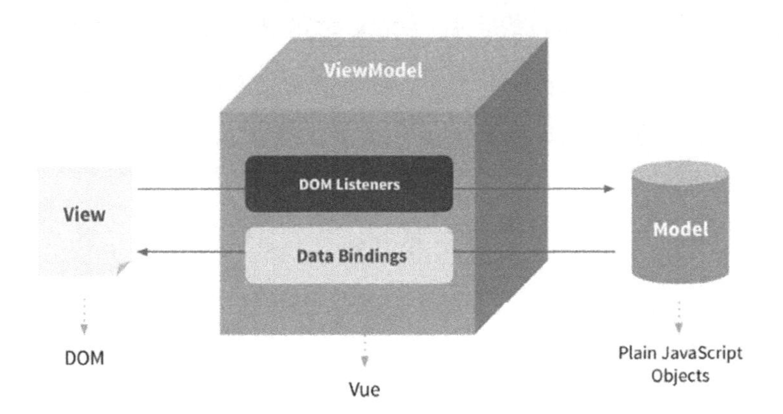

图 4-1　Vue.js 中 MVVM 的实现原理

4.2 data property 与 methods

4.13 节介绍了 data property。在 data 中定义的 property 是通过组件实例暴露的。

4.2.1　理解 data property

组件中的 data 选项是一个函数，Vue.js 在创建新组件实例的过程中会调用此函数。它应该返回一个对象，然后 Vue.js 会通过响应性系统将其包裹起来，并以$data 的形式存储在组件实例中。为了方便，该对象的任何顶级 property 也直接通过组件实例暴露出来。

观察下面的实例：

```
const app = Vue.createApp({
  data() {
    return { count: 4 }
  }
})

const vm = app.mount('#app')

console.log(vm.$data.count)
console.log(vm.count)

// 修改 vm.count 的值也会更新 $data.count 的值
vm.count = 5
console.log(vm.$data.count)

// 反之亦然
vm.$data.count = 6
console.log(vm.count)
```

property 仅在实例首次创建时被添加，所以，需要确保它们都在 data 函数返回的对象中。必要时，要对尚未提供所需值的 property 使用 null、undefined 或其他占位的值。

直接将不包含在 data 函数中的新 property 添加到组件实例也是可行的。但由于该 property 不在响应式$data 对象中，所以，Vue.js 的响应性系统不会自动跟踪它。

Vue.js 使用“$”前缀通过组件实例暴露自己的内置 API，它还为内部 property 保留“_”前缀。但是，开发者应该避免使用这两个字符开头的顶级 data property 名称。

4.2.2　理解 data methods

可以使用 methods 选项来向组件实例添加方法，它应该是一个包含所需方法的对象。观察下面的实例：

```
const app = Vue.createApp({
  data() {
    return { count: 4 }
  },
  methods: {
    increment() {
      // this 指向该组件实例
      this.count++
    }
  }
})

const vm = app.mount('#app')

console.log(vm.count)

vm.increment()

console.log(vm.count)
```

Vue.js 自动为 methods 绑定 this，以便它始终指向组件实例。这将确保方法在用作事件监听或回调时保持正确的 this 指向。在定义 methods 时应该避免使用箭头函数（=>），因为这会阻止 Vue.js 绑定恰当的 this 指向。

这些 methods 和组件实例的其他所有 property 一样可以在组件的模板中被访问。在模板中，它们通常被当作事件监听使用，如下面的实例：

```
<button @click="increment">Up vote</button>
```

在上面的实例中，当单击<button>时会调用 increment()方法。

也可以直接从模板中调用方法。可以在模板支持 JavaScript 表达式的任何地方调用方法，如下面的实例：

```
<span :title="toTitleDate(date)">
  {{ formatDate(date) }}
</span>
```

如果 toTitleDate 或 formatDate 访问任何响应式数据，则可以作为渲染依赖项进行跟踪，就像直接在模板中使用过一样。

从模板调用的方法不应该有任何副作用，如更改数据或触发异步进程。如果用户想要这么做，则应该更换生命周期钩子。

4.3 Vue.js 的生命周期

每个组件在被创建时都要经过一系列的初始化过程，如需要设置数据监听、编译模板、将实例挂载到 DOM 并在数据变化时更新 DOM 等，这些过程被称为组件的生命周期。

简单来说，Vue.js 的生命周期就是 Vue.js 是如何创建、何时消亡的。

4.3.1 生命周期中的钩子函数

组件在经历生命周期过程的同时会运行一些生命周期的钩子函数，这就为用户提供了在不同阶段添加代码的机会。

created()钩子函数可以用来在一个实例被创建后执行代码，代码如下：

```
Vue.createApp({
  data() {
    return { count: 1}
  },
  created() {
    // this 指向 vm 实例
    console.log('count is: ' + this.count)
  }
})
```

也有一些其他的钩子函数，在实例生命周期的不同阶段被调用，如 mounted()、updated()和 unmounted()。钩子函数中的 this 上下文指向调用它的当前活动实例。

不要在选项 property 或回调上使用箭头函数，如 created: () => console.log(this.a)或 vm.$watch('a', newValue => this.myMethod())。

因为箭头函数并没有 this，this 会作为变量一直向上级词法作用域查找，直至找到为止，经常导致“Uncaught TypeError: Cannot read property of undefined”或“Uncaught TypeError: this.myMethod is not a function”之类的错误。

4.3.2 生命周期的图示

图 4-2 展示了 Vue.js 实例的生命周期。

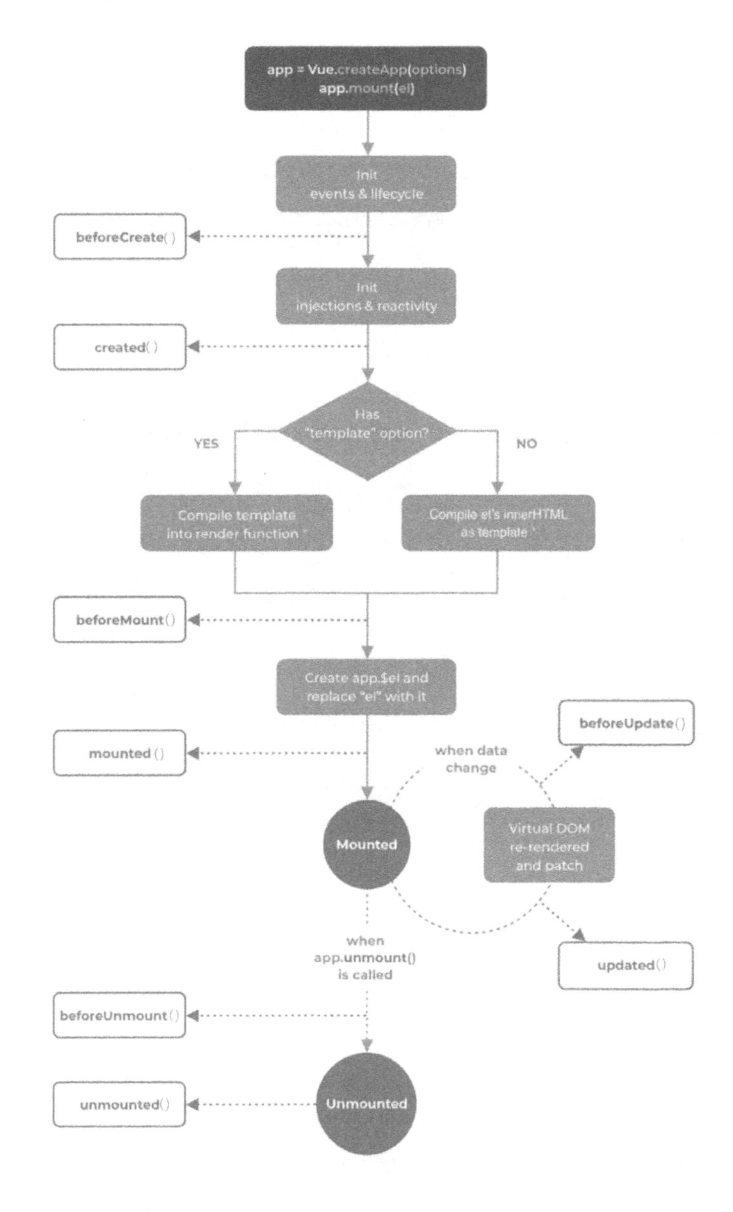

图 4-2 Vue.js 实例的生命周期

Vue.js 生命周期接口定义在 ClassComponentHooks 中，每个 Vue.js 组件都会实现该接口。ClassComponentHooks 代码如下：

```
export declare interface ClassComponentHooks {
    data?(): object;
    beforeCreate?(): void;
    created?(): void;
    beforeMount?(): void;
    mounted?(): void;
    beforeUnmount?(): void;
    unmounted?(): void;
    beforeUpdate?(): void;
    updated?(): void;
    activated?(): void;
    deactivated?(): void;
    render?(): VNode | void;
    errorCaptured?(err: Error, vm: Vue, info: string): boolean | undefined;
    serverPrefetch?(): Promise<unknown>;
}
```

关于生命周期，开发者并不需要强行记忆，或者理解里面所有的东西。伴随着不断深入学习和使用，开发者会对生命周期的理解愈加深刻。

4.3.3 【实战】生命周期钩子函数的实例

通过 Vue CLI 创建一个名为“vue-lifecycle”的 Vue.js 应用来演示生命周期钩子函数的使用。

1. 修改 HelloWorld.vue 子组件

在初始化应用后会自动创建一个名为“HelloWorld.vue”的子组件，修改该子组件的代码如下：

```
<template>
  <div>
    <div id="app">
      Counter: {{count}}
      <button @click="plusOne()">+</button>
    </div>
  </div>
```

```
</template>

<script lang="ts">
import { Vue } from "vue-class-component";


export default class HelloWorld extends Vue {
  // 计数用的变量
  count = 0;

  // 定义一个组件的方法
  plusOne() {
    this.count++;
    console.log("Hello World!");
  }

  // 定义生命周期钩子函数
  beforeCreate() {
    console.log("beforeCreate");
  }

  created() {
    console.log("created");
  }

  beforeMount() {
    console.log("beforeMount");
  }

  mounted() {
    console.log("mounted");
  }

  beforeUpdate() {
    console.log("beforeUpdate");
  }

  updated() {
```

```
    console.log("updated");
  }
  beforeUnmount() {
    console.log("beforeUnmount");
  }

  unmounted() {
    console.log("unmounted");
  }
  activated() {
    console.log("activated");
  }

  deactivated() {
    console.log("deactivated");
  }

}
</script>

<style>
</style>
```

针对上述 TypeScript 代码而言：

- HelloWorld 类继承自 Vue.js 类，以标识 HelloWorld 类是一个 Vue.js 组件。
- 在 HelloWorld 类内部定义了一个计数用的变量 count。
- 在 HelloWorld 类内部定义了一个 plusOne()方法，该方法每次都会对 count 进行递增操作。
- 在定义生命周期钩子函数后，当每个函数在执行时都会输出一条日志。

针对上述<template>模板而言：

- {{count}}用于绑定 HelloWorld 类的变量 count。
- <button>是一个按钮，该按钮通过@click="plusOne()"设置了单击事件。当单击该按钮时，会触发 HelloWorld 类的 plusOne()方法。

针对上述<style>样式而言，为了使实例简洁，省略了所有的样式设置，所以是空的。

2. 修改 App.vue 根组件

App.vue 根组件大体逻辑不变，只保留与本实例相关的代码。App.vue 根组件的代码如下：

```
<template>
  <HelloWorld/>
</template>

<script lang="ts">
import { Options, Vue } from 'vue-class-component';
import HelloWorld from './components/HelloWorld.vue';

@Options({
  components: {
    HelloWorld,
  },
})
export default class App extends Vue {}
</script>

<style>
</style>
```

针对上述 TypeScript 代码而言，只是简单地导入 HelloWorld.vue，使其成为 App.vue 根组件的一个子组件。

针对上述<template>模板而言，将 HelloWorld.vue 子组件模板嵌入 App.vue 根组件的模板中。

针对上述<style>样式而言，为了使实例简洁，省略了所有的样式设置，所以是空的。

3. 运行应用

首次运行应用效果如图 4-3 所示。

从控制台的日志可以看出，在初始化组件时，经历了 beforeCreate()、created()、beforeMount()、mounted()共 4 个生命周期钩子函数。

当单击 + 按钮触发单击事件时应用效果如图 4-4 所示。

图 4-3 首次运行应用效果

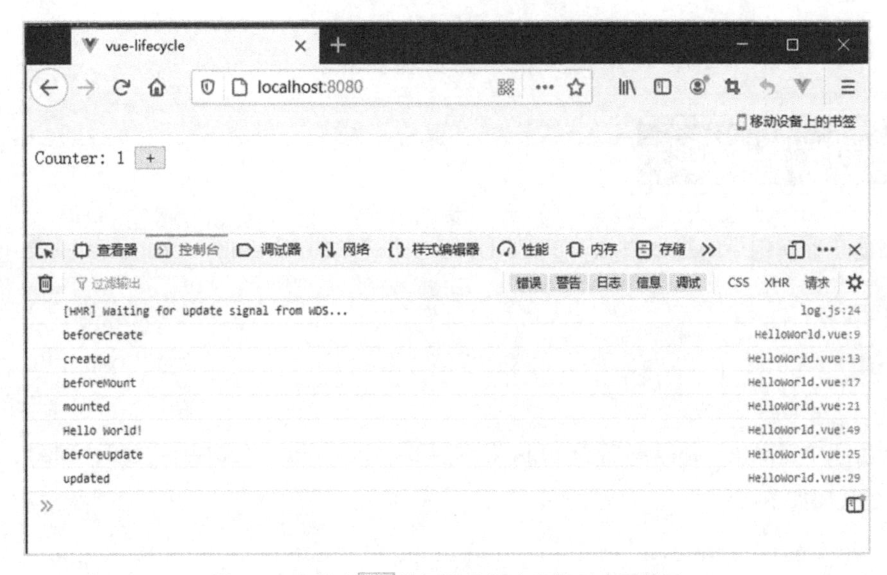

图 4-4 当单击 + 按钮触发单击事件时应用效果

从控制台的日志可以看出，单击 + 按钮后，触发了 plusOne()方法的执行，同时将变量 count 进行了递增操作，并输出“Hello World!”字样。

同时，也看到了组件经历了 beforeUpdate()和 updated()生命周期钩子函数，并最终将最新的 count 结果（从 0 变为了 1）更新到了界面上。

通过运行上述实例，我们可以更加直观地观察到 Vue.js 生命周期钩子函数是怎么执行的。

第 5 章 Vue.js 组件——独立的程序单元

组件是指可以复用的程序单元。

5.1 组件的基本概念

为了便于理解组件的基本概念，下面先介绍一个简单的“basic-component-reusable”实例。

5.1.1 【实战】一个最简单的 Vue.js 组件的实例

下面是一个最简单、最基本的 Vue.js 组件实例“basic-component-reusable”。其中，main.ts 的代码如下：

```
import { createApp } from 'vue'
import App from './App.vue'

createApp(App).mount('#app') //应用实例被挂载到 DOM 元素 app 中
```

main.ts 是整个 Vue.js 应用的主入口。从上述代码可以知道，应用实例最终会被挂载到 DOM 元素 app 中，这个 app 元素会被渲染为主页面。

createApp(App)用于创建应用实例，而参数 App 作为选项是从 App.vue 文件中导入的。用于创建应用实例的 App.vue 组件也被称为根组件。

根组件在整个 Vue.js 应用中有且只会有一个。App.vue 根组件的代码如下：

```
<template>
  <HelloWorld msg="baisc component"/>
</template>

<script lang="ts">
import { Options, Vue } from 'vue-class-component';
import HelloWorld from './components/HelloWorld.vue';

@Options({
  components: {
    HelloWorld,
  },
})
export default class App extends Vue {}
</script>
```

根组件又可以由其他子组件组成。比如，上述 App.vue 根组件可以由 HelloWorld.vue 子组件组成。下面是一个 HelloWorld.vue 子组件的代码：

```
<template>
  <div class="hello">
    <h1>{{ msg }}</h1>
  </div>
</template>

<script lang="ts">
import { Options, Vue } from 'vue-class-component';

@Options({
  props: {
    msg: String
  }
})
export default class HelloWorld extends Vue {
  msg!: string
}
</script>
```

运行应用，界面效果如图 5-1 所示。

图 5-1　界面效果（1）

5.1.2　什么是组件

组件是 Vue.js 中的一个重要概念，它是一种抽象，可以将小型、自包含且通常可重用的组件组成一个大规模的应用。

几乎任何类型的应用接口都可以抽象成组件树，如图 5-2 所示。

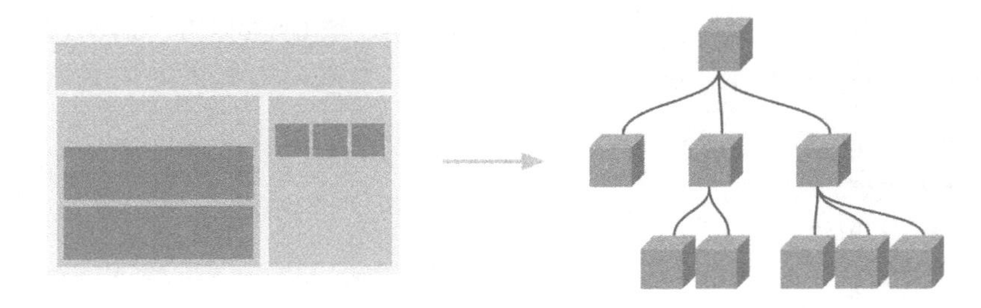

图 5-2　组件树

在“basic-component-reusable”实例中，App.vue 在组件树中是根节点，而 HelloWorld.vue 是 App.vue 的子节点。

在 Vue.js 中，组件本质上是一个带有预定义选项的实例。在 Vue.js 中注册组件很简单，首先创建一个组件对象，然后在其父组件的选项中定义它即可，代码如下：

```
@Options({
  components: {
    HelloWorld,
  },
})
```

这样就可以把它组合到另一个组件的模板中，代码如下：

```
<template>
  <HelloWorld msg="baisc component"/>
</template>
```

5.1.3 【实战】一个子组件的复用实例

组件本质上是为了复用。下面先来看一下如何实现 HelloWorld.vue 子组件的复用。

创建一个名为“basic-component-reusabale”实例，修改 App.vue 根组件的代码如下：

```
<template>
  <HelloWorld msg="baisc component"/>
  <HelloWorld msg="baisc component reusable"/>
</template>

<script lang="ts">
import { Options, Vue } from 'vue-class-component';
import HelloWorld from './components/HelloWorld.vue';

@Options({
  components: {
    HelloWorld,
  },
})
export default class App extends Vue {}
</script>
```

在上述实例中，在<template>标签中引用了两次<HelloWorld>，这意味着 HelloWorld.vue 子组件被实例化了两次，每次 msg 的内容都不同，这就是子组件的复用。

运行应用，界面效果如图 5-3 所示。

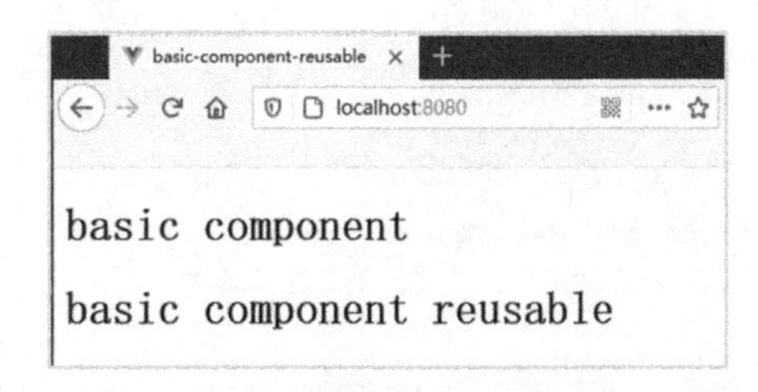

图 5-3　界面效果（2）

5.1.4 Vue.js 组件与 Web 组件的异同点

读者可能已经注意到，Vue.js 组件的自定义元素与 Web 组件的自定义元素（Custom Elements）非常相似。自定义元素是 Web 组件规范（Web Components Spec）的一部分，这是因为，Vue.js 组件是松散地按照规范建模的。Vue.js 组件和 Web 组件有一些关键的区别。

- 虽然 Web 组件规范已经最终确定，但并非每个浏览器都原生支持。Safari 10.1+、Chrome 54+和 Firefox 63+等少数浏览器是原生支持 Web 组件的。相比之下，Vue.js 组件几乎能在所有浏览器（包括 IE11）中进行一致工作。当需要时，Vue.js 组件还可以包装在原生自定义元素中。
- Vue.js 组件提供了在普通 Web 组件自定义元素中无法提供的重要功能。例如，跨组件数据流、自定义事件通信和开发工具集成。

5.2 组件的交互方式

组件之间可以进行交互，相互协作完成特定的功能。需要注意的是，不是什么组件都能直接进行交互。要想组件之间能够进行交互，还要区分场景。本节主要通过 4 个场景来演示组件之间的不同的交互方式。

5.2.1 【实战】通过 prop 向子组件传递数据

回忆 5.1.3 节的“basic-component-reusabale”实例，代码如下：

```
<template>
  <HelloWorld msg="baisc component"/>
  <HelloWorld msg="baisc component reusable"/>
</template>

<script lang="ts">
import { Options, Vue } from 'vue-class-component';
import HelloWorld from './components/HelloWorld.vue';

@Options({
  components: {
    HelloWorld,
```

```
  },
})
export default class App extends Vue {}
</script>
```

在上述实例的<template>标签中，HelloWorld.vue 子组件被实例化了两次。msg 是 HelloWorld.vue 子组件的属性。可以通过 App.vue 根组件向 HelloWorld.vue 子组件传递不同的 msg 属性值。

msg 在 HelloWorld.vue 子组件中的定义如下：

```
<template>
  <div class="hello">
    <h1>{{ msg }}</h1>
  </div>
</template>

<script lang="ts">
import { Options, Vue } from 'vue-class-component';

@Options({
  props: {
    msg: String
  }
})
export default class HelloWorld extends Vue {
  msg!: string // 声明String类型
}
</script>
```

在上述代码中，@Options 注解所定义的“props”用于定义 HelloWorld.vue 子组件的输入属性（入参）。这种方式就是“通过 prop 向子组件传递数据”。msg 在 HelloWorld.vue 子组件中被定义为一个 String 类型，同时 msg 后面的“!”是 TypeScript 的语法，表示强制解析（也就是告诉 TypeScript 编译器，msg 一定有值）

5.2.2　【实战】监听子组件的事件

从 5.2.1 节了解到，如果父组件想要和子组件通信，则可以使用 prop 方式实现。如果子组件想要和父组件通信，则可以使用事件实现。图 5-4 所示为父子组件通信示意图。

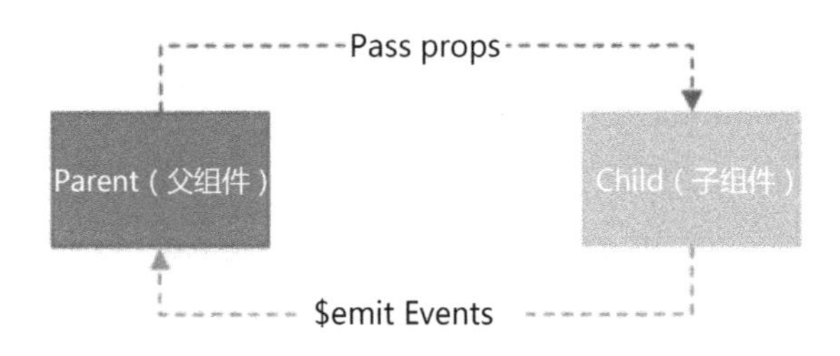

图 5-4　父子组件通信示意图

可以使用 v-on 指令（通常缩写为@）来监听 DOM 事件，并在触发事件时执行一些 JavaScript 操作。代码如下：

```
v-on:click="methodName"
```

等同于：

```
@click="methodName"。
```

事件也常作为组件之间的通信机制。比如，如果子组件想要主动向父组件通信，则可以使用 emit 来向父组件发送事件。当然，有关事件的内容将在第 10 章进行详细讲解，这里只演示基本的事件的用法。

每个 emit 都会发送事件，因此，需要先由父组件给子组件绑定事件，子组件才能知道应该怎么去调用。

下面新建一个“listen-for-child-component-event”应用，用于演示父组件如何监听子组件事件。

HelloWorld.vue 是子组件，代码如下：

```
<template>
  <div class="hello">
    <h1>{{ msg }}</h1>
    <button v-on:click="plusOne">+</button>
  </div>
</template>

<script lang="ts">
import { Options, Vue } from "vue-class-component";
```

```
@Options({
  props: {
    msg: String,
  },
})
export default class HelloWorld extends Vue {
  msg!: string;

  // 定义一个组件的方法
  plusOne() {
    console.log("emit event");

    // 发送自定义的事件
    this.$emit("plusOneEvent");
  }
}
</script>
```

从上述代码中我们可以知道以下内容。

- 在<template>标签中定义一个按钮，并通过 v-on 指令绑定了一个单击事件。当单击该按钮时，会触发 plusOne()方法的执行。
- plusOne()方法通过$emit 发送了一个自定义的事件“plusOneEvent”。

如何在父组件中监听“plusOneEvent”事件呢？App.vue 父组件的代码如下：

```
<template>
  <HelloWorld
    msg="listen-for-child-component-event"
    @plusOneEvent="handlePlusOneEvent"
  />
  <div id="counter">Counter: {{ counter }}</div>
</template>

<script lang="ts">
import { Options, Vue } from "vue-class-component";
import HelloWorld from "./components/HelloWorld.vue";
```

```
@Options({
  components: {
    HelloWorld,
  },
})
export default class App extends Vue {
  private counter: number = 0;

  handlePlusOneEvent() {
    console.log("handlePlusOneEvent");

    // 计数器进行递增操作
    this.counter++;
  }
}
</script>
```

从上述代码中我们可以知道以下内容。

- 在<template>标签中引入了 HelloWorld.vue 子组件，并通过@（等同于 v-on 指令）绑定了一个自定义事件“plusOneEvent”。
- 当 App.vue 父组件监听到“plusOneEvent”事件时，会触发 handlePlusOneEvent()方法。handlePlusOneEvent()方法会执行计数器 counter 的累加。

未单击 + 按钮前的界面效果如图 5-5 所示。单击 + 按钮后的界面效果如图 5-6 所示。

图 5-5　未单击 + 按钮前的界面效果

图 5-6　单击 + 按钮后的界面效果

5.2.3 【实战】兄弟组件之间的通信

在 Vue.js 中，兄弟组件之间的是如何通信的呢?

Vue.js 并没有提供兄弟组件之间通信的方式，但可以借助前面两节所介绍 prop 和事件间接实现。

下面创建一个名为“event-communication”的应用，用于演示兄弟组件之间的通信。其中，App.vue 是根组件，CounterClick 和 CounterShow 是子组件。

1. CounterClick 子组件发送事件

CounterClick 子组件用于接收界面按钮的单击事件并发送事件，代码如下：

```
<template>
  <div class="hello">
    <button v-on:click="plusOne">递增</button>
  </div>
</template>

<script lang="ts">
import { Options, Vue } from "vue-class-component";

@Options({
  emits: ["plusOneEvent"],
})
export default class CounterClick extends Vue {
  // 定义一个组件的方法

  plusOne() {
    console.log("emit event");

    // 发送自定义的事件

    this.$emit("plusOneEvent");
  }
}
</script>
```

在上述代码中，自定义了一个名为“plusOneEvent”的事件。单击“递增”按钮，会触发 plusOne()方法，从而通过“this.$emit”来发送“plusOneEvent”事件。

定义的事件需要在@Options 注解的 emits 中进行声明。

2. 使用 CounterShow 子组件显示计数

CounterShow 子组件用于显示计数器递增的结果，代码如下：

```
<template>
  <div class="hello">
    <h1>{{ count }}</h1>
  </div>
</template>

<script lang="ts">
import { Options, Vue } from "vue-class-component";

@Options({
  props: {
    count: Number,
  },
})
export default class CounterShow extends Vue {
  count!: number;
}
</script>
```

上述代码比较简单，通过@Options 注解的 props 声明 count 为输入参数。count 用于在模板中显示计数结果。

3. 使用 App.vue 根组件整合 CounterClick 和 CounterShow 两个子组件

使用 App.vue 根组件整合 CounterClick 和 CounterShow 两个子组件，代码如下：

```
<template>
  <CounterClick @plusOneEvent="handlePlusOneEvent" />

  <CounterShow :count="counter" />
</template>

<script lang="ts">
import { Options, Vue } from "vue-class-component";

import CounterShow from "./components/CounterShow.vue";
```

```
import CounterClick from "./components/CounterClick.vue";

@Options({
  components: {
    CounterShow,

    CounterClick,
  },
})
export default class App extends Vue {
  private counter: number = 0;

  handlePlusOneEvent() {
    console.log("handlePlusOneEvent");

    // 计数器进行递增操作

    this.counter++;
  }
}
</script>
```

从上述代码中我们可以知道以下内容。

- 通过@plusOneEvent 监听 CounterClick 子组件所发出的“plusOneEvent”事件。在监听该事件后，会调用 handlePlusOneEvent()方法进行处理。
- handlePlusOneEvent()方法用于对计算结果 counter 进行递增操作。
- 在 CounterShow 子组件中，通过“:count”的方式动态绑定了 counter 值。最终 counter 的值被当作输入参数传入 CounterShow 子组件。

4. 运行应用

运行应用，单击“递增”按钮，计数器会进行递增操作。

5.2.4 【实战】通过插槽分发内容

Vue.js 实现了一套内容分发的插槽（Slot）API。这套 API 的设计灵感源自 Web Components

规范草案，将<slot>元素作为承载分发内容的出口。

下面创建一个名为“slot-to-serve-as-distribution-outlets-for-content”的应用，用于演示插槽的功能。

下面是 HelloWorld.vue 子组件中的代码：

```
<template>
  <div class="hello">
    <h1>{{ msg }}</h1>
    <slot></slot>
  </div>
</template>

<script lang="ts">
import { Options, Vue } from "vue-class-component";

@Options({
  props: {
    msg: String,
  },
})
export default class HelloWorld extends Vue {
  msg!: string;
}
</script>
```

在上述代码的<template>标签中添加了<slot>标签，用于标识插槽的位置。

如果 App.vue 父组件想通过<slot>标签分发内容，则只需要在引入的 HelloWorld.vue 子组件的<slot>标签设置想替换的内容即可。例如，想要使用“Hello”字符替换<slot>标签中的内容，代码如下：

```
<template>
  <HelloWorld msg="slot-to-serve-as-distribution-outlets-for-content">
    Hello
  </HelloWorld>
</template>

<script lang="ts">
```

```
import { Options, Vue } from "vue-class-component";
import HelloWorld from "./components/HelloWorld.vue";

@Options({
  components: {
    HelloWorld,
  },
})
export default class App extends Vue {
}
</script>
```

当然，插槽的功能远不止这么简单。插槽还可以包含任何模板代码，如 HTML，代码如下：

```
<template>
  <!--字符串-->
  <HelloWorld msg="slot-to-serve-as-distribution-outlets-for-content">
    Hello
  </HelloWorld>

  <!--HTML-->
  <HelloWorld msg="slot-to-serve-as-distribution-outlets-for-content">
    <a href="https://waylau.com"> Welcom to waylau.com</a>
  </HelloWorld>

  <!--模板-->
  <HelloWorld msg="slot-to-serve-as-distribution-outlets-for-content">
    <div id="counter">Counter: {{ counter }}</div>
  </HelloWorld>
</template>

<script lang="ts">
import { Options, Vue } from "vue-class-component";
import HelloWorld from "./components/HelloWorld.vue";

@Options({
  components: {
    HelloWorld,
  },
```

```
})
export default class App extends Vue {
  private counter: number = 0;
}
</script>
```

5.3 让组件可以动态加载

有时，在组件之间动态切换是很有用的。比如，通过选择不同的选项卡来切换不同的子界面。

Vue.js 提供了<component>标签和特殊 is 属性，可以实现组件的动态加载。这种可以动态加载的组件被称为“动态组件”。

5.3.1 实现组件动态加载的步骤

要实现组件动态加载，需要定义一个<component>标签，并在<component>标签中指定一个 currentTabComponent 变量，代码如下：

```
<!--当 currentTabComponent 变化时，组件也会变化-->
<component :is="currentTabComponent"></component>
```

在上面的实例中，currentTabComponent 可以是已注册组件的名称，也可以是组件的选项对象。

5.3.2 【实战】动态组件的实例

为了演示动态组件的功能，这里创建一个名为“dynamic-component”的应用。其中，包含 TemplateOne.vue 和 TemplateTwo.vue 两个子组件。这两个子组件的代码比较简单，就是记录了各自的生命周期钩子函数调用的过程。

TemplateOne.vue 子组件的代码如下：

```
<template>
  <div>
    <h1>TemplateOne</h1>
  </div>
</template>
```

```
<script lang="ts">
import { Vue } from "vue-class-component";

export default class TemplateOne extends Vue {

  // 定义生命周期钩子函数
  beforeCreate() {
    console.log("TemplateOne beforeCreate");
  }

  created() {
    console.log("TemplateOne created");
  }

  beforeMount() {
    console.log("TemplateOne beforeMount");
  }

  mounted() {
    console.log("TemplateOne mounted");
  }

  beforeUpdate() {
    console.log("TemplateOne beforeUpdate");
  }

  updated() {
    console.log("TemplateOne updated");
  }

  beforeUnmount() {
    console.log("TemplateOne beforeUnmount");
  }

  unmounted() {
    console.log("TemplateOne unmounted");
  }
```

```
  activated() {
    console.log("TemplateOne activated");
  }

  deactivated() {
    console.log("TemplateOne deactivated");
  }
}
</script>
```

TemplateTwo.vue 子组件的代码如下：

```
<template>
  <div>
    <h1>TemplateTwo</h1>
  </div>
</template>

<script lang="ts">
import { Vue } from "vue-class-component";

export default class TemplateTwo extends Vue {

  // 定义生命周期钩子函数
  beforeCreate() {
    console.log("TemplateTwo beforeCreate");
  }

  created() {
    console.log("TemplateTwo created");
  }

  beforeMount() {
    console.log("TemplateTwo beforeMount");
  }

  mounted() {
    console.log("TemplateTwo mounted");
```

```
  }

  beforeUpdate() {
    console.log("TemplateTwo beforeUpdate");
  }

  updated() {
    console.log("TemplateTwo updated");
  }

  beforeUnmount() {
    console.log("TemplateTwo beforeUnmount");
  }

  unmounted() {
    console.log("TemplateTwo unmounted");
  }

  activated() {
    console.log("TemplateTwo activated");
  }

  deactivated() {
    console.log("TemplateTwo deactivated");
  }
}
</script>
```

App.vue 根组件的代码如下：

```
<template>
  <div>
    <button
      v-for="tab in tabs"
      :key="tab"
      :class="['tab-button', { active: currentTabComponent === tab }]"
      @click="currentTabComponent = tab"
    >
      {{ tab }}
```

```
    </button>

    <!-- 当 currentTabComponent 变化时，组件也会变化 -->
    <component :is="currentTabComponent"></component>
  </div>
</template>



<script lang="ts">
import { Options, Vue } from "vue-class-component";

import TemplateOne from "./components/TemplateOne.vue";
import TemplateTwo from "./components/TemplateTwo.vue";

@Options({
  components: {
    TemplateOne,
    TemplateTwo,
  },
})
export default class App extends Vue {
  private currentTabComponent: string = "TemplateOne";

  private tabs: string[] = ["TemplateOne", "TemplateTwo"];
}
</script>
```

从上述代码中我们可以知道以下内容。

- 在 App.vue 根组件中，通过<component>标签来动态指定需要加载的组件。
- 在模板中初始化了两个按钮<button>，单击这两个按钮会触发 currentTabComponent 的变化。
- currentTabComponent 会引起<component>标签的变化。初始化时，currentTabComponent 被赋值为“TemplateOne”。

运行应用，初始化应用时界面和控制台的效果如图 5-7 所示。在初始化时，动态加载的是 TemplateOne.vue 子组件。

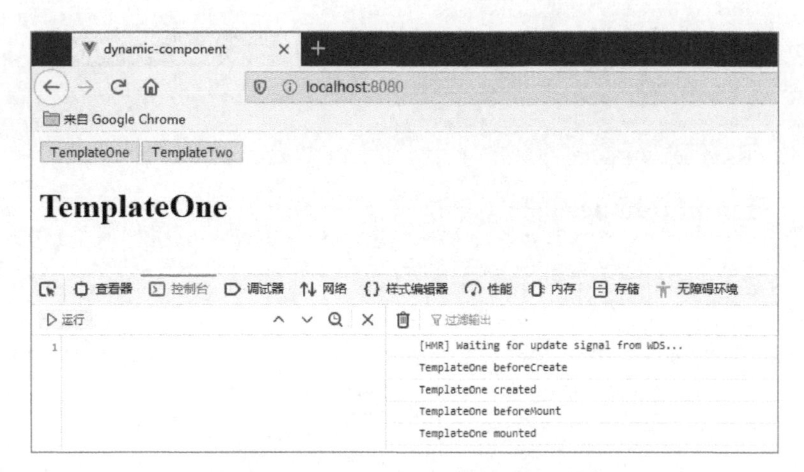

图 5-7　初始化应用时界面和控制台的效果

在控制台中显示的日志中，已经详细记录了 TemplateTwo.vue 子组件的初始化过程。

单击“TemplateTwo”按钮，界面会呈现出 TemplateTwo.vue 子组件的内容，界面和控制台的效果如图 5-8 所示。

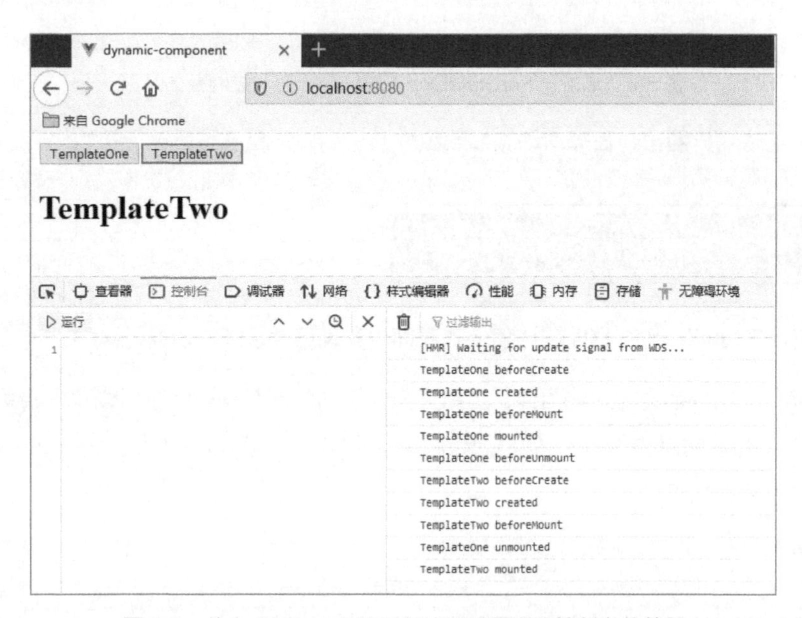

图 5-8　单击“TemplateTwo”按钮后界面和控制台的效果

单击“TemplateOne”按钮，界面会呈现出 TemplateOne.vue 子组件的内容，界面和控制台的效果如图 5-9 所示。

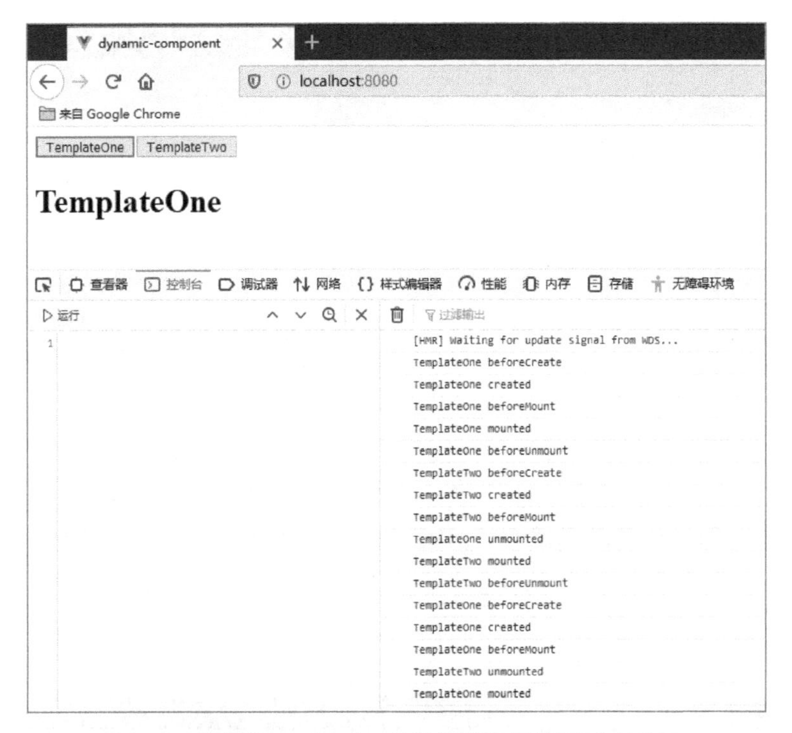

图 5-9 单击“TemplateOne”按钮后界面和控制台的效果

从上述日志中可以看出，在每次动态加载组件时，组件都是会重新进行初始化。

5.4 使用<keep-alive>缓存组件

5.3 节演示了如何使用 is 属性在选项卡式界面中实现组件之间的切换。

每次切换这些组件都会初始化组件、重新渲染，这对性能有些影响。所以我们希望这些选项卡组件实例在首次创建后能够被缓存。如果想要解决这个问题，则可以使用<keep-alive>缓存组件来包装这些组件，代码如下：

```
<!-- 使用 keep-alive，组件在创建后能够被缓存-->
<keep-alive>
  <component :is="currentTabComponent"></component>
</keep-alive>
```

5.4.1 【实战】<keep-alive>的例子

在 5.3.2 节“dynamic-component”应用的基础上，创建一个名为“dynamic-component-with-keep-alive”的应用作为<keep-alive>缓存组件的演示实例。

创建“dynamic-component-with-keep-alive”应用的代码与创建“dynamic-component”应用的代码基本类似，只是在 App.vue 中添加了<keep-alive>标签的内容。

App.vue 的完整代码如下：

```
<template>
  <div>
    <button
      v-for="tab in tabs"
      :key="tab"
      :class="['tab-button', { active: currentTabComponent === tab }]"
      @click="currentTabComponent = tab"
    >
      {{ tab }}
    </button>
    <!-- 使用 keep-alive，组件在创建后能够被缓存-->
    <!-- 当 currentTabComponent 变化时，组件也会变化 -->
    <keep-alive>
      <component :is="currentTabComponent"></component>
    </keep-alive>
  </div>
</template>

<script lang="ts">
import { Options, Vue } from "vue-class-component";

import TemplateOne from "./components/TemplateOne.vue";
import TemplateTwo from "./components/TemplateTwo.vue";

@Options({
  components: {
    TemplateOne,
    TemplateTwo,
```

```
  },
})
export default class App extends Vue {
  private currentTabComponent: string = "TemplateOne";

  private tabs: string[] = ["TemplateOne", "TemplateTwo"];
}
</script>
```

在增加了<keep-alive>标签后运行应用，来回单击“TemplateOne”按钮和“TemplateTwo”按钮，TemplateOne.vue子组件和TemplateTwo.vue子组件分别只初始化了一次，然后就只有其激活和停用的生命周期钩子函数的调用，如图5-10所示。

图 5-10　使用<keep-alive>缓存组件后界面和控制台的效果

5.4.2　<keep-alive>缓存组件的配置详解

在默认情况下，<keep-alive>会缓存所有的组件。如果需要进行个性化的设置，则可以设置以下几个可选属性。

- include – string | RegExp | Array：只有具有匹配名称的组件才会被缓存。
- exclude – string | RegExp | Array：任何具有匹配名称的组件都不会被缓存。
- max – number | string：要缓存的组件实例的最大数量。

1. include 和 exclude 的用法

include 和 exclude 用于指定哪些模板需要被缓存和不需要被缓存。

以 include 为例，代码如下：

```
<!-- 使用 keep-alive，组件创建后能够被缓存 -->
<keep-alive include="TemplateOne,TemplateTwo">
    <component :is="currentTabComponent"></component>
</keep-alive>
```

在上面的配置中，include 用于指定名称为“TemplateOne”和“TemplateTwo”的组件会被缓存。需要注意的是，被缓存的组件上需要指定 name 属性才会生效。

在@Options 注解上设置 name 属性，代码如下：

```
import { Options, Vue } from "vue-class-component";

@Options({
  name: "TemplateOne",
})
export default class TemplateOne extends Vue {

}
import { Options, Vue } from "vue-class-component";

@Options({
  name: "TemplateTwo",
})
export default class TemplateTwo extends Vue {

}
```

2. max 的用法

max 用于设置要缓存的组件实例的最大数量。当等于最大数量时，最近访问最少（least recently accessed）的缓存组件实例会在创建新实例之前销毁。

max 实例代码如下：

```
<!-- max 用于设置要缓存的组件实例的最大数量 -->
<keep-alive :max="10">
  <component :is="currentTabComponent"></component>
</keep-alive>
```

第 6 章 Vue.js 模板——让内容随着模板中变量的变化而变化

在 Web 开发中，模板是必不可少的。模板是开发动态网页的基石。很多编程语言都提供了模板引擎，如在 Java 中，有 JSP、FreeMarker、Velocity、Thymeleaf 等。简单来说，将动态网页中静态的内容定义为模板标签，而将动态的内容定义为模板变量。这样就实现了模板不变，而模板渲染结果的内容会随着模板中变量的变化而变化。

6.1 了解 Vue.js 的模板

Vue.js 也有自己的模板，通过<template>标签来声明模板。在 Vue.js 中，使用的是基于 HTML 的模板语法。Vue.js 允许以声明方式将渲染的 DOM 绑定到组件实例的数据上。由于所有的 Vue.js 模板都是有效的 HTML 代码，因此可以使用符合规范的浏览器和 HTML 解析器来解析 Vue.js 模板。

下面是一个在“hello-world”应用中出现过的模板：

```
<h1>{{ msg }}</h1>
```

当模板进行渲染时，上述标签中{{ msg }}的内容被替换为对应组件实例中 msg 变量的实际的值“Welcome to Your Vue.js App”。下面是最终模板被渲染为 HTML 的内容：

```
<h1> Welcome to Your Vue.js App</h1>
```

在底层的实现上，Vue.js 将模板编译成虚拟 DOM 渲染函数。结合响应性系统，Vue.js 能够智能地计算出最少需要重新渲染多少组件，使 DOM 执行最少的操作次数。

如果用户熟悉虚拟 DOM，并且更喜欢使用 JavaScript 的原始功能，则可以不使用 Vue.js 模板，直接利用渲染函数（render function），使用可选的 JSX 语法。

6.2 【实战】在模板中使用插值

插值是模板最基础的功能。插值是指把计算后的变量值插入指定位置的 HTML 标签中。例如：

```
<h1>{{ msg }}</h1>
```

上述实例就是把 msg 的变量值插入<h1>标签中（替换{{ msg }}）。

Vue.js 提供了对文本、原生 HTML、Attribute、JavaScript 表达式等的插值支持。

配套资源 本节实例的代码在本书配套资源的“template-syntax-interpolation”目录下。

6.2.1 文本

数据绑定最常见的形式就是使用双大括号的文本插值（也被称为 Mustache 语法）。

还是以“hello-world”应用中的模板为例，代码如下：

```
<h1>{{ msg }}</h1>
```

上述标签会被替换为对应组件实例中 msg 的值。

无论何时，只要绑定的组件实例中的 msg 发生了变化，插值处的内容都会自动更新。例如，将 msg 赋值如下：

```
private msg:string = "template-syntax-interpolation";
```

此时，界面效果如图 6-1 所示。

如果想要限制插值处的内容不进行自动更新，则可以使用 v-once 指令来执行一次性插值。实例代码如下：

```
<h1 v-once>{{ msg }}</h1>
```

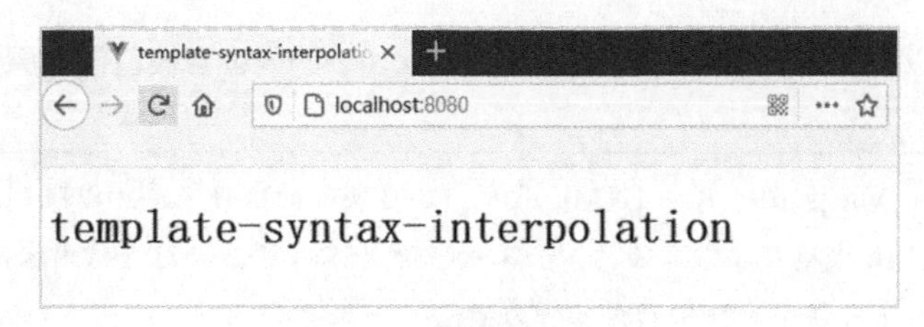

图 6-1　界面效果（1）

6.2.2　原生 HTML 代码

双大括号会将数据解释为普通文本，而非 HTML 代码。因此，为了能够输出原生的 HTML 代码，需要使用 v-html 指令。实例代码如下：

```
<template>
  <div>
    <!-- 输出原生的 HTML 代码，需要使用 v-html 指令 -->
    <p>未使用 v-html 指令: {{ rawHtml }}</p>
    <p>使用 v-html 指令: <span v-html="rawHtml"></span></p>
  </div>
</template>

<script lang="ts">
import { Vue } from "vue-class-component";

export default class App extends Vue {
  private rawHtml: string = `<a href="https://waylau.com/">Welcome to waylau.com</a>`;
}
</script>
```

在上述代码中，对于相同的 rawHtml 内容，模板中有两个<p>标签，一个使用 v-html 指令；而另一个没有使用 v-html 指令。界面效果如图 6-2 所示。

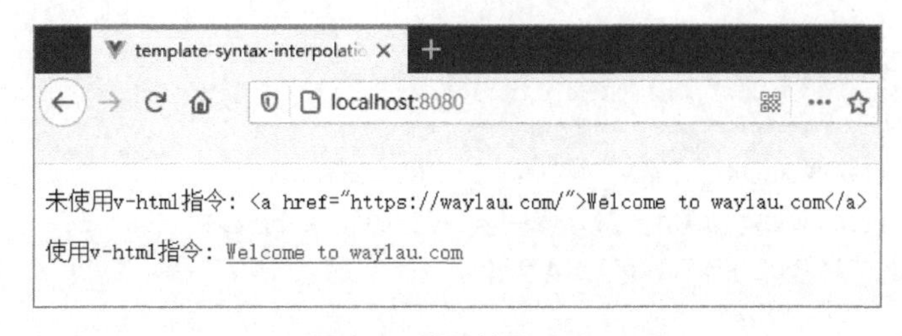

图 6-2　界面效果（2）

从图 6-2 中可以看到，使用 v-html 指令后，<span>的内容会被替换为原生 HTML 代码。

虽然 Vue.js 支持原生 HTML 代码，但在实际的项目中要加以限制。因为动态渲染任意的 HTML 代码是非常危险的，很容易导致 XSS 攻击。只对可信内容使用原生 HTML 代码插值，不要将用户提供的内容作为插值。

6.2.3 绑定 HTML attribute

不能在 HTML attribute 中使用双大括号。如果想要绑定 HTML attribute，则可以使用 v-bind 指令。实例代码如下：

```
<!-- 绑定 HTML attribute -->
<div v-bind:id="dynamicId"></div>
```

如果绑定值为 null 或未定义，则 attribute 不包括在呈现的元素上。

v-bind 指令的工作原理略有不同。例如：

```
<!-- 绑定布尔 attribute -->
<button v-bind:disabled="isButtonDisabled">Button</button>
```

如果 isButtonDisabled 的值为 null 或 undefined，则 disabled attribute 不会被包含在渲染出来的<button>标签中。

6.2.4 JavaScript 表达式

在前面的实例中，一直都只绑定了简单的 property 键值。但实际上，对于所有的数据绑定，Vue.js 提供了完全的 JavaScript 表达式支持。借助 JavaScript 表达式，可以实现更加复杂的数据绑定。实例代码如下：

```
<template>
  <div>
    <!-- JavaScript 表达式 -->
    <p>运算: {{ age + 1 }}</p>
    <p>三元表达式: {{ areYouOk ? "YES" : "NO" }}</p>
    <p>字符串操作: {{ message.split("").reverse().join("") }}</p>
    <div v-bind:id="'list-' + listId"></div>
  </div>
```

```
</template>

<script lang="ts">
import { Vue } from "vue-class-component";

export default class App extends Vue {
  private age: number = 33;
  private areYouOk: boolean = false;
  private message: string =
    "战实发开用应级业企 sj.edoN 战实发开与析解理原 ytteN 战实构架级量轻用应网联互型大 战实发开用应级业企 ralugnA 析分例案及术技用常统系式布分";
  private listId: number = 111;
}
</script>
```

上面这些表达式会在当前活动实例的数据作用域下作为 JavaScript 代码被解析，界面效果如图 6-3 所示。

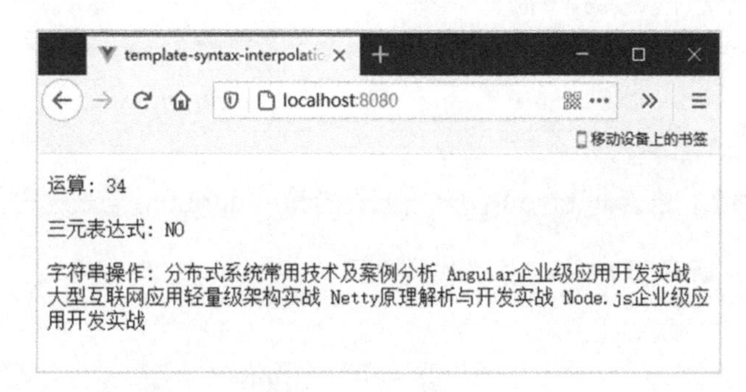

图 6-3　界面效果（3）

6.3 【实战】在模板中使用指令

指令是带有“v-”前缀的特殊 attribute。指令的值应该是单个 JavaScript 表达式（除 v-for 指令和 v-on 指令外）。

指令的功能是，当表达式的值改变时，将其产生的连带影响，响应式地作用于 DOM。比如，v-once 指令、v-html 指令。

配套资源 本节实例的代码在本书配套资源的“template-syntax-directive”目录下。

6.3.1 理解指令中的参数

一些指令能够接收一个参数，这个参数被放置在指令名称后面以冒号分隔。例如，v-bind 指令可以用于响应式地更新 HTML attribute。实例代码如下：

```
<template>
  <div>
    <!-- v-bind 指令 -->
    <p>
      <a v-bind:href="url">Welcome to waylau.com</a>
    </p>
  </div>
</template>

<script lang="ts">
import { Vue } from "vue-class-component";

export default class App extends Vue {
  private url: string = "https://waylau.com/";
}
</script>
```

其中，href 是参数，告诉 v-bind 指令将该元素的 href attribute 与表达式 url 的值绑定。

v-on 指令用于监听 DOM 事件。实例代码如下：

```
<template>
  <div>
    <!-- v-on 指令 -->
    <p>
      <a v-on:click="doLog">doLog</a>
    </p>
  </div>
</template>

<script lang="ts">
import { Vue } from "vue-class-component";

export default class App extends Vue {
  doLog() {
```

```
    console.log("do logging...");
  }
}
</script>
```

其中，click 参数是监听的事件名称。

6.3.2　理解指令中的动态参数

也可以在指令参数中使用 JavaScript 表达式，方法是使用方括号将 JavaScript 表达式括起来，这样就相当于实现了动态参数。

实例代码如下：

```
<template>
  <div>
    <!-- v-on 指令，动态参数 -->
    <p>
      <a v-on:[eventName]="doLog">doLog</a>
    </p>
  </div>
</template>

<script lang="ts">
import { Vue } from "vue-class-component";

export default class App extends Vue {
  private eventName: string = "click";

  doLog() {
    console.log("do logging...");
  }
}
</script>
```

在上述实例中，当 eventName 的值为“click”时，v-on:[eventName] 等同于 v-on:click，即绑定了单击事件。

6.3.3 理解指令中的修饰符

修饰符（modifier）是以“.”指明的特殊后缀，用于指出一个指令应该以特殊方式绑定。

例如，“.prevent”修饰符告诉 v-on 指令对于触发的事件需要调用 event.preventDefault() 方法，代码如下：

```
<!-- v-on 指令，修饰符 -->
<form v-on:submit.prevent="onSubmit">Submit</form>
```

6.4 【实战】在模板中使用指令的缩写

“v-”前缀用来识别模板中 Vue.js 特定的 attribute。当使用 Vue.js 为现有标签添加动态行为时，“v-”前缀是很有帮助的。然而，对于一些频繁使用的指令来说，这样会让人感到烦琐。

另外，当开发由 Vue.js 管理所有模板的单界面应用（single page application，SPA）时，“v-”前缀就变得没那么重要了。

因此，Vue.js 为 v-bind 和 v-on 这两个最常用的指令提供了特定缩写。

配套资源 本节实例的代码在本书配套资源的“template-syntax-directive-shorthand”目录下。

6.4.1 使用 v-bind 指令的缩写

下面是完整的 v-bind 指令用法：

```
<!-- v-bind 指令 -->
<p>
  <a v-bind:href="url">Welcome to waylau.com</a>
</p>
```

下面是 v-bind 指令的缩写用法：

```
<!-- v-bind 指令的缩写 -->
<p>
  <a :href="url">Welcome to waylau.com</a>
</p>
```

下面是采用了动态参数的 v-bind 指令的缩写用法：

```
<!-- v-bind 指令的缩写，动态参数 -->
<p>
  <a :[key]="url">Welcome to waylau.com</a>
</p>
```

6.4.2 使用 v-on 指令的缩写

下面是完整的 v-on 指令用法：

```
<!-- v-on 指令 -->
<p>
  <a v-on:click="doLog">doLog</a>
</p>
```

下面是 v-on 指令的缩写用法：

```
<!-- v-on 指令的缩写 -->
<p>
  <a @click="doLog">doLog</a>
</p>
```

下面是采用了动态参数的 v-on 指令的缩写用法：

```
<!-- v-on 指令的缩写，动态参数 -->
<p>
  <a @[eventName]="doLog">doLog</a>
</p>
```

它们看起来可能与普通的 HTML 略有不同，但 “:” 与“@”对于 attribute 名称来说都是合法字符，所有支持 Vue.js 的浏览器都能被正确地解析。而且，它们不会出现在最终渲染的标记中。缩写语法是完全可选的，随着用户更深入地了解它们的作用，就会庆幸拥有它们。

6.5 使用模板的一些约定

使用模板遵循以下约定。

6.5.1 对动态参数值的约定

动态参数预期会求出一个字符串，在异常情况下值为 null。这个 null 值可以用于移除绑定。而其他非字符串类型的值，在发生异常时则会触发一个警告。

6.5.2 对动态参数表达式的约定

动态参数表达式有一些语法约束，因为某些字符（如空格和引号）放在 HTML attribute 中是无效的。例如：

```
<!-- 这会触发一个编译警告 -->

<a v-bind:['foo' + bar]="value"> ... </a>
```

解决的方法是，使用没有空格或引号的表达式，或者用计算属性替换这种复杂表达式。

在 DOM 中使用模板时，还需要避免使用大写字母来命名键名，因为浏览器会把 attribute 名称全部强制转换为小写字母，代码如下：

```
<!--
在 DOM 中使用模板时这段代码会被转换为 'v-bind:[someattr]'。
除非在实例中有一个名为 someattr 的 property，否则代码不会工作。
-->

<a v-bind:[someAttr]="value"> ... </a>
```

6.5.3 对访问全局变量的约定

Vue.js 模板表达式都被放在沙盒中，只能访问全局变量的白名单，如 Math 和 Date。不应该在模板表达式中试图访问用户定义的全局变量。

第 7 章

Vue.js 计算属性与侦听器——处理响应式数据的复杂逻辑

第 6 章介绍了 Vue.js 模板，可以看到 Vue.js 模板提供了非常便利的表达式，但是设计它们的初衷主要用于简单的运算。如果在 Vue.js 模板中放入太多的逻辑，则会让 Vue.js 模板过重且难以维护。所以，本章所引入的 Vue.js 计算属性与侦听器可以降低响应式数据处理的复杂性。

7.1 通过实例理解“计算属性”的必要性

下面的实例有一个嵌套数组对象：

```
<script lang="ts">
import { Vue } from "vue-class-component";

export default class App extends Vue {
  private books: string[] = [
    "分布式系统常用技术及案例分析",
    "Spring Boot 企业级应用开发实战",
    "Spring Cloud 微服务架构开发实战",
    "Spring 5 开发大全",
    "分布式系统常用技术及案例分析（第 2 版）",
    "Cloud Native 分布式架构原理与实践",
```

```
    "Angular 企业级应用开发实战",
    "大型互联网应用轻量级架构实战",
    "Java 核心编程",
    "MongoDB + Express + Angular + Node.js 全栈开发实战派",
    "Node.js 企业级应用开发实战",
    "Netty 原理解析与开发实战",
    "分布式系统开发实战",
    "轻量级 Java EE 企业应用开发实战",
  ];

}
</script>
```

根据 books 的值来显示不同的消息：

```
<template>
  <div>
    <p>是否出版过书? </p>

    <!-- 未使用“计算属性” -->
    <P>{{ books.length > 0 ? "Yes" : "No" }}</P>
  </div>
</template>
```

此时，模板不再是简单的声明式了。必须先进行仔细观察，然后才能意识到它执行的计算取决于 books.length。如果想要在模板中多次包含此计算，则会让模板会变得很复杂和难以理解。

所以，对于任何包含响应式数据的复杂逻辑，建议都应该使用“计算属性”（computed）。

7.2 【实战】一个“计算属性”的实例

通过 7.1 节的实例可以看到，如果在模板中放入太多的逻辑，会让模板过重且难以维护。接下来将对 7.1 节的实例进行改造，引入“计算属性”。

配套资源 本节实例的代码在本书配套资源的“computed-basic”目录下。

7.2.1 声明“计算属性”

下面声明了一个“计算属性”publishedBooksMessage：

```
<template>
  <div>
    <p>是否出版过书？</p>

    <!-- 使用“计算属性” -->
    <P>{{ publishedBooksMessage }}</P>
  </div>
</template>

<script lang="ts">
import { Vue } from "vue-class-component";

export default class App extends Vue {
  private books: string[] = [
    "分布式系统常用技术及案例分析",
    "Spring Boot 企业级应用开发实战",
    "Spring Cloud 微服务架构开发实战",
    "Spring 5 开发大全",
    "分布式系统常用技术及案例分析（第 2 版）",
    "Cloud Native 分布式架构原理与实践",
    "Angular 企业级应用开发实战",
    "大型互联网应用轻量级架构实战",
    "Java 核心编程",
    "MongoDB + Express + Angular + Node.js 全栈开发实战派",
    "Node.js 企业级应用开发实战",
    "Netty 原理解析与开发实战",
    "分布式系统开发实战",
    "轻量级 Java EE 企业应用开发实战",
  ];

  // 使用“计算属性”
  get publishedBooksMessage(): string {
    return this.books.length > 0 ? "Yes" : "No";
  }
}
</script>
```

在上述代码中，“计算属性”采用的是 getter()函数。尝试更改应用中 books 数组的值，用户将看到 publishedBooksMessage 如何相应地更改。可以像普通属性一样将数据绑定到模板中的“计算属性”。

7.2.2 模拟数据更改

如果更改 books 数组的值呢？则可以在模板中增加一个按钮，代码如下：

```
<button @click="clearData">清空数据</button>
```

当单击上述按钮后，会触发 clearData()方法的执行。clearData()方法的代码如下：

```
// 清空数据
clearData() {
   this.books = [];
}
```

图 7-1 所示为清空数据前的界面效果。图 7-2 所示为单击“清空数据”按钮，清空数据后的界面效果。

图 7-1　清空数据前的界面效果

图 7-2　清空数据后的界面效果

7.3 “计算属性”缓存与方法的关系

用户可能已经注意到，在 7.2 节的实例中，可以通过在表达式中调用方法来达到同样的效果，代码如下：

```
<!-- 未使用“计算属性”，而是使用普通方法 -->
<P>{{ getPublishedBooksMessage() }}</P>
```

```
// 未使用“计算属性”，而是使用普通方法
getPublishedBooksMessage(): string {
  return this.books.length > 0 ? "Yes" : "No";
}
```

可以将同一函数定义为一个方法而不是一个“计算属性”。使用这两种方式的最终结果是完全相同的。然而，不同的是“计算属性”是基于它们的响应式依赖关系缓存的。

“计算属性”只在相关响应式依赖发生改变时才会重新求值。这就意味着，只要 books 数组还没有发生改变，多次访问 publishedBookMessage“计算属性”会立即返回之前的计算结果，而不必再次执行 publishedBookMessage()函数。

相比之下，调用方法则不同。每当触发重新渲染时，调用方法总是会再次执行 publishedBookMessage()函数。

换而言之，“计算属性”起到了缓存的作用。那么为什么需要缓存?

假设有一个性能开销比较大的“计算属性”列表，它需要遍历一个巨大的数组并进行大量的计算，而且有其他的“计算属性”依赖于这个“计算属性”列表。如果没有缓存，则需要多次执行该“计算属性”列表的计算方法。

7.4　为什么需要侦听器

虽然“计算属性”在大多数情况下更合适，但有时也需要一个自定义的侦听器（watch）。侦听器提供了一个更通用的方法来响应数据的变化。如果需要在数据变化时执行异步或开销较大的操作，则侦听器是最具有作用的。

配套资源　本节实例的代码在本书配套资源的“watch-basic”目录下。

7.4.1　理解侦听器

使用 watch 选项，可以执行异步操作（如访问一个 API），限制执行该操作的频率，并在得到最终结果之前，设置中间状态。而这些都是“计算属性”无法做到的。

7.4.2 【实战】一个侦听器的实例

接下来看一个侦听器的实例，代码如下：

```
<template>
  <div>
    <p>
      搜索:
      <input v-model="question" />
    </p>
    <div v-for="answer in answers" :key="answer">
      {{ answer }}
    </div>
  </div>
</template>

<script lang="ts">
import { Options, Vue } from "vue-class-component";

@Options({
  watch: {
    question(value: string) {
      this.getAnswer(value);
    },
  },
})
export default class App extends Vue {
  private question: string = "";
  private answers: string[] = [];

  private books: string[] = [
    "分布式系统常用技术及案例分析",
    "Spring Boot 企业级应用开发实战",
    "Spring Cloud 微服务架构开发实战",
    "Spring 5 开发大全",
    "分布式系统常用技术及案例分析（第 2 版）",
    "Cloud Native 分布式架构原理与实践",
    "Angular 企业级应用开发实战",
```

```
    "大型互联网应用轻量级架构实战",
    "Java 核心编程",
    "MongoDB + Express + Angular + Node.js 全栈开发实战派",
    "Node.js 企业级应用开发实战",
    "Netty 原理解析与开发实战",
    "分布式系统开发实战",
    "轻量级 Java EE 企业应用开发实战",
  ];

  // 当 question 变量变化时，会触发 getAnswer()方法
  getAnswer(value: string): void {
    // 搜索输入的字符是否在数组内
    console.log("search:" + value);
    this.books.forEach((book) => {
      if (this.isContains(book, value)) {
        console.log("isContains:" + value);
        this.answers.push(book);
      } else {
        this.answers = [];
      }
    });
  }

  // 字符串是否包含指定的字符
  isContains(str: string, substr: string): boolean {
    return str.indexOf(substr) >= 0;
  }
}
</script>
```

在上述实例中，在@Options 注解中设置了 watch，用于侦听 question 变量。当用户在界面的输入框进行模糊搜索时，会引起 question 变量的更改，这会被 watch 侦听，继而触发 getAnswer()方法将搜索的结果值返回 answers 数组。

isContains()是一个简单地判断字符串是否包含指定的字符的方法。

运行应用，在输入框中输入关键字进行搜索，界面效果如图 7-3 所示。

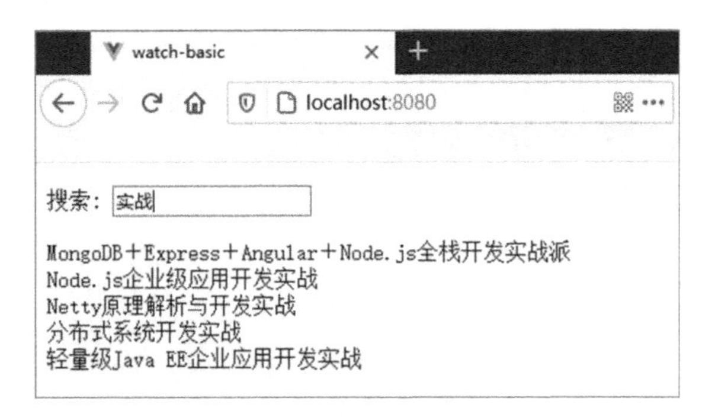

图 7-3　界面效果

有关 watch 的内容，我们还会在后续章节进行详细介绍。

第 8 章 Vue.js 样式——让应用变得好看

一个好的应用离不开好的界面设计，毕竟让应用变得好看是一件很重要的事。Vue.js 支持的样式遵从 CSS 样式规则。

8.1 绑定样式 class

在前面几个章节的实例中，并没有对样式进行太多的讲解，而是在代码中刻意回避了样式代码的编写，由于 Vue.js 支持的样式规则与其他 HTML 中的 CSS 样式并没有太大区别。因此，如果用户具有 Web 开发经验，则比较容易看懂 Vue.js 样式。

Vue.js 中的样式 class 都是 attribute，因此可以使用 v-bind 指令处理它们，只需要通过表达式计算出字符串结果。不过，字符串拼接麻烦且易错。因此，在将 v-bind 指令用于 class 和 style 时，Vue.js 进行了专门的增强。表达式结果的类型除了是字符串，还可以是对象或数组。

本节主要介绍如何来绑定 HTML class。

配套资源 本节实例的代码在本书配套资源的“bind-class”目录下。

8.1.1 【实战】在 class 中绑定对象

可以传给“:class”（等同于 v-bind:class）一个对象，动态地切换 class，代码如下：

```
<div :class="{ active: isActive }"></div>
```

在上述代码中，定义了一个 class“active”。这个 active 存在与否，将取决于数据 isActive。只有在 isActive 的值为 truthy[1]时，才会添加这个 active。

可以在对象中传入更多字段来动态切换多个 class。“:class”指令也可以与普通的 class attribute 共存。

代码如下：

```
<template>
  <!-- 在 class 中绑定对象 -->
  <div
    class="static"
    :class="{ active: isActive, 'text-danger': hasError }"
  ></div>
</template>


<script lang="ts">
import { Vue } from "vue-class-component";


export default class App extends Vue {
  private isActive: boolean = true;
  private hasError: boolean = true;
}
</script>
```

上述代码的渲染结果为：

```
<div class="static active text-danger"></div>
```

可以在浏览器的“查看器”中查看渲染结果，如图 8-1 所示。

当 isActive 的值或 hasError 的值变化时，class 列表将相应地更新。例如，如果 hasError 的值为 false，则 class 列表将变为：

```
<div class="static active"></div>
```

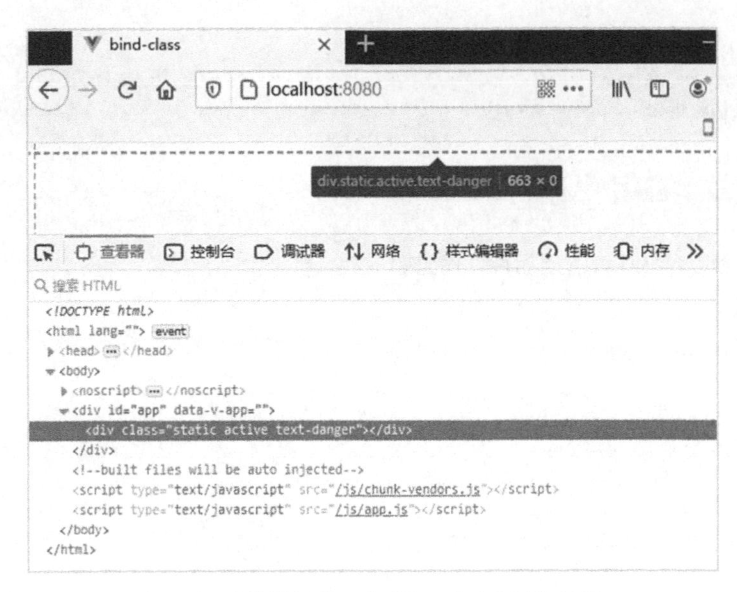

图 8-1　在浏览器的“查看器”中查看渲染结果

8.1.2　【实战】在 class 中绑定数组

可以把一个数组传给“:class”，这样使用了该样式 class 的组件就能使用一组样式，代码如下：

```
<template>
  <!-- 在 class 中绑定数组 -->
  <div :class="classArray"></div>
</template>

<script lang="ts">
import { Vue } from "vue-class-component";

export default class App extends Vue {
  private classArray: any[] = [
    { active: "isActive" },
    { "text-danger": "hasError" },
  ];
}
</script>
```

上述代码的渲染结果为：

```
<div class="active text-danger"></div>
```

8.1.3 【实战】在组件上使用 class

声明一个 HelloWorld.vue 子组件，代码如下：

```
<template>
  <div class="hello waylau">
  </div>
</template>

<script lang="ts">
import { Vue } from 'vue-class-component';

export default class HelloWorld extends Vue {
}
</script>
```

然后在 App.vue 父组件中使用 HelloWorld 时添加一些样式 class，代码如下：

```
<!-- 在组件上使用 class -->
<HelloWorld class="like vue"></HelloWorld>
```

HTML 将被渲染为：

```
<div class="hello waylau like vue"></div>
```

需要注意的是，truthy 不等同于 true。在布尔值上下文语境中，如果在进行转换后某个值仍为 true，则认为该值为 truthy（真值）。即除 false、0、""、null、undefined 和 NaN 外的其他值，在布尔值上下文语境中都会转换为 true。

8.2 绑定内联样式

Vue.js 中的":style"的对象语法十分直观，看着非常像 CSS，但其实是一个 JavaScript 对象。

CSS property 名称可以使用驼峰式（camelCase）或短横线分隔（kebab-case）来命名。

Vue.js 支持在内联样式中绑定对象、数组、多重值等。

配套资源 本节实例的代码在本书配套资源的“bind-style”目录下。

8.2.1 【实战】在内联样式中绑定对象

一个绑定内联样式的实例代码如下：

```
<template>
  <!-- 绑定内联样式 -->
  <div :style="{ color: activeColor, fontSize: fontSize + 'px' }"></div>
</template>

<script lang="ts">
import { Vue } from "vue-class-component";

export default class App extends Vue {
  private activeColor: string = "red";
  private fontSize: number = 30;
}
</script>
```

在内联样式中支持绑定对象，代码如下：

```
<template>
  <!-- 在内联样式中绑定对象 -->
  <div :style="styleObject"></div>
</template>

<script lang="ts">
import { Vue } from "vue-class-component";

export default class App extends Vue {
  private styleObject: any = {
    color: "red",
    fontSize: "30px",
  };
}
</script>
```

上述代码直接绑定到一个样式对象 styleObject 上，这会让模板更清晰，是一种推荐的做法。

8.2.2 【实战】在内联样式中绑定数组

在内联样式中支持绑定数组，代码如下：

```
<template>
  <!-- 在内联样式中绑定数组 -->
  <div :style="styleArray"></div>
</template>

<script lang="ts">
import { Vue } from "vue-class-component";

export default class App extends Vue {
  private styleArray: any[] = [
    {
      color: "red",
      fontSize: "30px",
    },
    {
      backgroundColor: "lightgrey",
      textAlign: "center",
    },
  ];
}
</script>
```

上述代码的渲染结果为：

```
<div style="color: red; font-size: 30px; background-color: lightgrey; text-align: center;"></div>
```

8.2.3 【实战】在内联样式中绑定多重值

在内联样式中，property 可以提供一个包含多个值的数组，常用于提供多个带前缀的值，代码如下：

```
<!-- 在内联样式中绑定多重值 -->
<div :style="{ display: ['-webkit-box', '-ms-flexbox', 'flex'] }"></div>
```

这样只会渲染数组中最后一个被浏览器支持的值。在本实例中，如果浏览器支持不带浏览器前缀的 flexbox，则渲染结果为：

```
<div style="display: flex;"></div>
```

在上述实例中，也可以将数组提取出来，定义为一个变量，渲染结果也是等效的，代码如下：

```
<template>
  <!-- 在内联样式中绑定多重值 -->
  <div :style="{ display: displayArray }"></div>
</template>

<script lang="ts">
import { Vue } from "vue-class-component";

export default class App extends Vue {
  private displayArray: string[] = ["-webkit-box", "-ms-flexbox", "flex"];
}
</script>
```

第 9 章 Vue.js 表达式——根据条件来渲染不同的内容

Vue.js 表达式用于根据特定的条件来渲染不同的内容。使用 Vue.js 表达式，可以更灵活地实现逻辑控制或运算。Vue.js 表达式主要包括条件表达式、for 循环表达式等。

9.1 条件表达式

本节主要介绍 Vue.js 的条件表达式。

配套资源 本节实例的代码在本书配套资源的“expression-conditional”目录下。

9.1.1 【实战】v-if 指令的实例

v-if 指令用于条件性地渲染一块内容，这块内容只会在指令的表达式返回 truthy 值时才被渲染。

代码如下：

```
<template>
  <!-- 使用 v-if 指令 -->
  <h1 v-if="isGood">Vue is good!</h1>
</template>
```

```
<script lang="ts">
import { Vue } from "vue-class-component";

export default class App extends Vue {
  private isGood: boolean = true;
}
</script>
```

界面效果如图 9-1 所示。

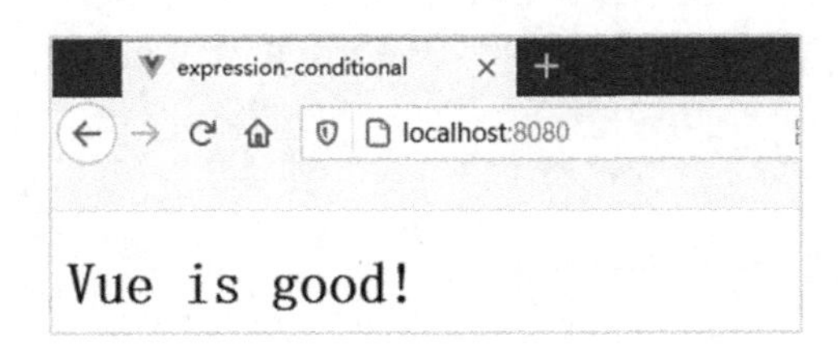

图 9-1 界面效果（1）

9.1.2 【实战】v-else 指令的实例

可以使用 v-else 指令来表示 v-if 指令中的“else 块”。

代码如下：

```
<!-- 使用 v-else -->
<div v-if="Math.random() > 0.5">显示 A</div>
<div v-else>显示 B</div>
```

在上述实例中，会根据使用 Math.random()方法所得到的随机数与 0.5 进行数值比较，来决定是“显示 A”还是“显示 B”。

9.1.3 【实战】v-else-if 指令的实例

v-else-if 指令的功能与 JavaScript 中 else-if 指令的功能类似，可以连续使用，代码如下：

```
<!-- 使用 v-else-if 指令 -->
<div v-if="score === 'A'">A</div>
<div v-else-if="score === 'B'">B</div>
<div v-else-if="score === 'C'">C</div>
<div v-else>D</div>
```

v-else-if 指令必须紧跟在 v-if 指令或 v-else-if 指令的元素之后，以及 v-else 指令之前。

9.1.4 【实战】v-show 指令的实例

v-show 指令根据条件来决定是否展示元素，代码如下：

```
<template>
  <!-- 使用 v-show 指令 -->
  <h1 v-show="isDisplay">I am display!</h1>
</template>


<script lang="ts">
import { Vue } from "vue-class-component";

export default class App extends Vue {
  private isDisplay: boolean = true;
}
</script>
```

界面效果如图 9-2 所示。

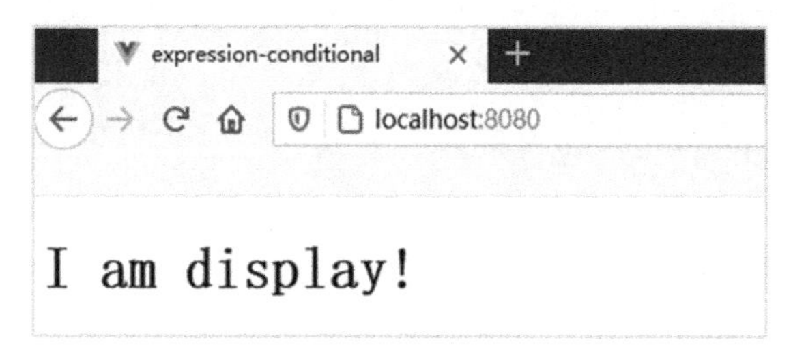

图 9-2 界面效果（2）

与 v-if 指令不同的是，带有 v-show 指令的元素始终会被渲染并保留在 DOM 中。v-show 指令只是简单地切换元素的 CSS property display。简而言之，v-show 指令只是用于控制元素是否显示。

9.1.5 理解 v-if 指令与 v-show 指令的关系

v-if 指令是“真正”的条件渲染，因为它会确保在条件块内的事件监听器和子组件适当地被销毁和重建。

v-if 指令也是惰性的。如果在初始渲染时条件为假，则什么也不做，直到条件第一次变为真时，才会开始渲染条件块。

与 v-if 指令相比，v-show 指令就简单得多，不管初始条件是什么，元素总会被渲染，并且只是简单地基于 CSS 进行切换。

一般来说，v-if 指令有更高的切换开销，而 v-show 指令有更高的初始渲染开销。因此，如果需要非常频繁地切换，则使用 v-show 指令；如果在运行时条件很少改变，则使用 v-if 指令。

9.2 for 循环表达式

for 循环表达式用于遍历一组元素。

配套资源 本节实例的代码在本书配套资源的“expression-for”目录下。

9.2.1 【实战】使用 v-for 指令遍历数组

可以使用 v-for 指令基于一个数组来渲染一个列表，代码如下：

```
<template>
  <div>
    <!-- 使用 v-for 指令遍历数组 -->
    <h1>老卫作品集合：</h1>
    <ul>
      <li v-for="book in books" :key="book">
        {{ book }}
      </li>
    </ul>
  </div>
</template>

<script lang="ts">
import { Vue } from "vue-class-component";
```

```
export default class App extends Vue {
  private books: string[] = [
    "分布式系统常用技术及案例分析",
    "Spring Boot 企业级应用开发实战",
    "Spring Cloud 微服务架构开发实战",
    "Spring 5 开发大全",
    "分布式系统常用技术及案例分析（第 2 版）",
    "Cloud Native 分布式架构原理与实践",
    "Angular 企业级应用开发实战",
    "大型互联网应用轻量级架构实战",
    "Java 核心编程",
    "MongoDB + Express + Angular + Node.js 全栈开发实战派",
    "Node.js 企业级应用开发实战",
    "Netty 原理解析与开发实战",
    "分布式系统开发实战",
    "轻量级 Java EE 企业应用开发实战",
  ];
}
</script>
```

界面效果如图 9-3 所示。

图 9-3　界面效果（3）

v-for 指令需要使用“book in books”形式的特殊语法，其中，books 是源数据数组，而 book 则是被迭代的数组元素的别名。

需要注意的是，在使用 v-for 指令的同时，还多了一个 key，该 key 用于标识元素的唯一性。有相同父元素的子元素必须有独特的 key，重复的 key 会造成渲染错误。

如果不使用 key，则 Vue.js 会使用一种最大限度减少动态元素，并且尽可能地修改/复用相同类型元素的算法。如果使用 key，则 Vue.js 会基于 key 的变化重新排列元素顺序，并且移除/销毁 key 不存在的元素。

推荐在使用 v-for 指令时，始终要配合使用 key。

9.2.2 【实战】使用 v-for 指令遍历数组设置索引

v-for 指令还支持一个可选的第 2 个参数（当前项的索引），代码如下：

```
<template>
  <div>
    <!-- 使用 v-for 指令遍历数组设置索引 -->
    <h1>老卫作品集合：</h1>
    <ul>
      <li v-for="(book, index) in books" :key="book">
        {{ index }} {{ book }}
      </li>
    </ul>
  </div>
</template>

<script lang="ts">
import { Vue } from "vue-class-component";

export default class App extends Vue {
  private books: string[] = [
    "分布式系统常用技术及案例分析",
    "Spring Boot 企业级应用开发实战",
    "Spring Cloud 微服务架构开发实战",
    "Spring 5 开发大全",
    "分布式系统常用技术及案例分析（第 2 版）",
    "Cloud Native 分布式架构原理与实践",
```

```
    "Angular 企业级应用开发实战",
    "大型互联网应用轻量级架构实战",
    "Java 核心编程",
    "MongoDB + Express + Angular + Node.js 全栈开发实战派",
    "Node.js 企业级应用开发实战",
    "Netty 原理解析与开发实战",
    "分布式系统开发实战",
    "轻量级 Java EE 企业应用开发实战",
  ];
}
</script>
```

在上述代码中，第 1 个参数 book 是被迭代的数组元素的别名，第 2 个参数 index 是被迭代的数组元素的索引。界面效果如图 9-4 所示。

图 9-4　界面效果（4）

索引（index）可以是任意的别名，如 i 或 k 都没有问题。索引号是从 0 开始的。

9.2.3 【实战】使用 v-for 指令遍历对象的 property 名称

可以使用 v-for 指令来遍历一个对象的 property 名称，代码如下：

```
<template>
  <div>
    <!-- 使用 v-for 指令遍历对象-->
    <h1>女儿的信息：</h1>
    <ul>
      <li v-for="value in myDaughter" :key="value">
        {{ value }}
      </li>
    </ul>
  </div>
</template>

<script lang="ts">
import { Vue } from "vue-class-component";

export default class App extends Vue {
  private myDaughter: any = {
    name: "Cici",
    city: "Huizhou",
    birthday: "2014-06-23",
  };
}
</script>
```

界面效果如图 9-5 所示。

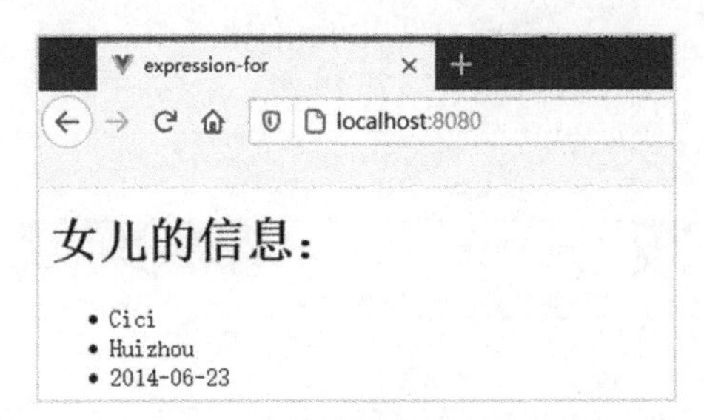

图 9-5　界面效果（5）

也可以提供第 2 个参数为 property 名称，代码如下：

```
<!-- 使用 v-for 指令遍历对象，设置 property 名称-->
<h1>女儿的信息：</h1>
```

```
<ul>
    <li v-for="(value, name) in myDaughter" :key="value">
    {{ name }} {{ value }}
    </li>
</ul>
```

界面效果如图 9-6 所示。

图 9-6　界面效果（6）

其中，图 9-6 显示的 name、city、birthday 都为 myDaughter 对象的 property 名称。

还可以用第 3 个参数作为索引，代码如下：

```
<!-- 使用 v-for 指令遍历对象，设置 property 名称-->
<h1>女儿的信息：</h1>
<ul>
    <li v-for="(value, name, index) in myDaughter" :key="value">
    {{ index }} {{ name }} {{ value }}
    </li>
</ul>
```

界面效果如图 9-7 所示。

图 9-7　界面效果（7）

9.2.4 【实战】数组过滤

如果想要显示一个经过过滤或排序后的数组，又不变更或重置原始数据，则可以创建一个“计算属性”来返回过滤或排序后的数组。

一个数组过滤的实例代码如下：

```
<template>
  <div>
    <!-- 数组过滤 -->
    <h1>老卫作品集合，过滤书名长度大于 20 个字符的数据：</h1>
    <ul>
      <li v-for="book in booksWithFilter" :key="book">
        {{ book }}
      </li>
    </ul>
  </div>
</template>

<script lang="ts">
import { Vue } from "vue-class-component";

export default class App extends Vue {
  private books: string[] = [
    "分布式系统常用技术及案例分析",
    "Spring Boot 企业级应用开发实战",
    "Spring Cloud 微服务架构开发实战",
    "Spring 5 开发大全",
    "分布式系统常用技术及案例分析（第 2 版）",
    "Cloud Native 分布式架构原理与实践",
    "Angular 企业级应用开发实战",
    "大型互联网应用轻量级架构实战",
    "Java 核心编程",
    "MongoDB + Express + Angular + Node.js 全栈开发实战派",
    "Node.js 企业级应用开发实战",
    "Netty 原理解析与开发实战",
    "分布式系统开发实战",
    "轻量级 Java EE 企业应用开发实战",
  ];
```

```
  // 数组过滤，只保留书名长度大于 20 个字符的数据
  get booksWithFilter() {
    return this.books.filter(book => book.length > 20)
  }
}
</script>
```

只保留书名长度大于 20 个字符的数据，界面效果如图 9-8 所示。

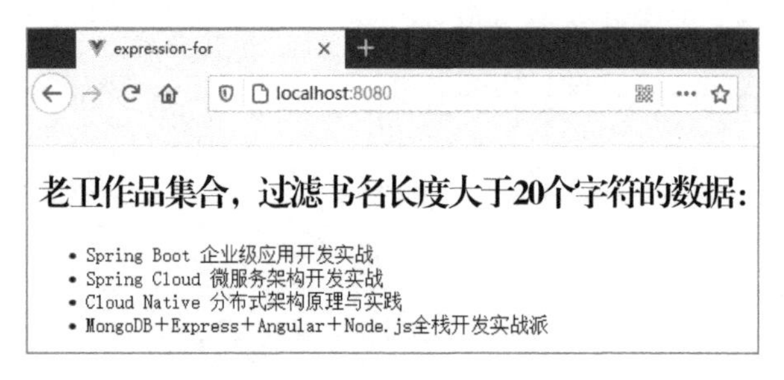

图 9-8 界面效果（8）

9.2.5 【实战】使用值的范围

v-for 指令也可以接收整数值，以遍历指定的次数，代码如下：

```
<!-- 数组过滤 -->
<h1>使用值的范围：</h1>
<ul>
  <li v-for="num in 5" :key="num">
  {{ num }}
  </li>
</ul>
```

界面效果如图 9-9 所示。可以看到，在这种情况下，v-for 指令会遍历对应的次数。

图 9-9 界面效果（9）

9.3 v-for 指令的不同使用场景

在使用 v-for 指令时，还需要注意不同使用场景中的用法。

配套资源 本节实例的代码在本书配套资源的“expression-for-scene”目录下。

9.3.1 【实战】在<template>中使用 v-for 指令

类似于 v-if 指令，也可以利用带有 v-for 指令的<template>来循环渲染一段包含多个元素的内容，代码如下：

```
<template>
  <div>
    <!-- 在 <template> 中使用 v-for -->
    <h1>老卫作品集合：</h1>
    <ul>
      <template  v-for="book in books" :key="book">
        <li><span>{{ book }}</span> {{ book.length }}</li>
      </template >
    </ul>
  </div>
</template>

<script lang="ts">
import { Vue } from "vue-class-component";

export default class App extends Vue {
  private books: string[] = [
    "分布式系统常用技术及案例分析",
    "Spring Boot 企业级应用开发实战",
    "Spring Cloud 微服务架构开发实战",
    "Spring 5 开发大全",
    "分布式系统常用技术及案例分析（第 2 版）",
    "Cloud Native 分布式架构原理与实践",
    "Angular 企业级应用开发实战",
    "大型互联网应用轻量级架构实战",
```

```
    "Java 核心编程",
    "MongoDB + Express + Angular + Node.js 全栈开发实战派",
    "Node.js 企业级应用开发实战",
    "Netty 原理解析与开发实战",
    "分布式系统开发实战",
    "轻量级 Java EE 企业应用开发实战",
  ];
}
</script>
```

界面效果如图 9-10 所示。

图 9-10 界面效果（10）

9.3.2 【实战】v-for 指令与 v-if 指令一起使用

当 v-for 指令与 v-if 指令一起使用时，如果它们处于同一个节点，则 v-if 指令的优先级比 v-for 指令的优先级更高，这意味着 v-if 指令将不能访问 v-for 指令中的变量。

观察下面的实例：

```
<!-- 该实例将抛出异常，因为 todo 还没有被实例化 -->
<li v-for="todo in todos" v-if="!todo.isComplete">
  {{ todo }}
</li>
```

上述的实例将抛出异常，在执行 v-if 指令时，todo 还没有被实例化。

解决方法是，可以把 v-for 指令移动到<template>标签中：

```
<template v-for="todo in todos">
  <li v-if="!todo.isComplete">
    {{ todo }}
  </li>
</template>
```

综上所述，不推荐在同一个标签上使用 v-if 指令和 v-for 指令。

9.3.3 【实战】在组件上使用 v-for 指令

在自定义组件上，可以像在任何普通标签上一样使用 v-for 指令。

HelloWorld.vue 子组件的代码如下：

```
<template>
  <div class="hello">
    <h4>{{ msg }}</h4>
  </div>
</template>

<script lang="ts">
import { Options, Vue } from 'vue-class-component';

@Options({
  props: {
    msg: String
  }
})
export default class HelloWorld extends Vue {
  msg!: string
}
</script>
```

上述 HelloWorld.vue 子组件接收 msg 参数，作为模板的标签的内容。

App.vue 根组件的代码如下：

```
<template>
  <div>
    <!-- 在组件上使用 v-for 指令 -->
    <HelloWorld v-for="book in books" :key="book" :msg="book"/>
  </div>
</template>

<script lang="ts">
import { Options, Vue } from 'vue-class-component';
import HelloWorld from './components/HelloWorld.vue';

@Options({
  components: {
    HelloWorld,
  },
})
export default class App extends Vue {
  private books: string[] = [
    "分布式系统常用技术及案例分析",
    "Spring Boot 企业级应用开发实战",
    "Spring Cloud 微服务架构开发实战",
    "Spring 5 开发大全",
    "分布式系统常用技术及案例分析（第 2 版）",
    "Cloud Native 分布式架构原理与实践",
    "Angular 企业级应用开发实战",
    "大型互联网应用轻量级架构实战",
    "Java 核心编程",
    "MongoDB + Express + Angular + Node.js 全栈开发实战派",
    "Node.js 企业级应用开发实战",
    "Netty 原理解析与开发实战",
    "分布式系统开发实战",
    "轻量级 Java EE 企业应用开发实战",
  ];
}
</script>
```

从上述代码中可以看到，当使用 v-for 指令遍历 books 时，将 book 传递给了 HelloWorld.vue 子组件中的 msg 参数。

界面效果如图 9-11 所示。

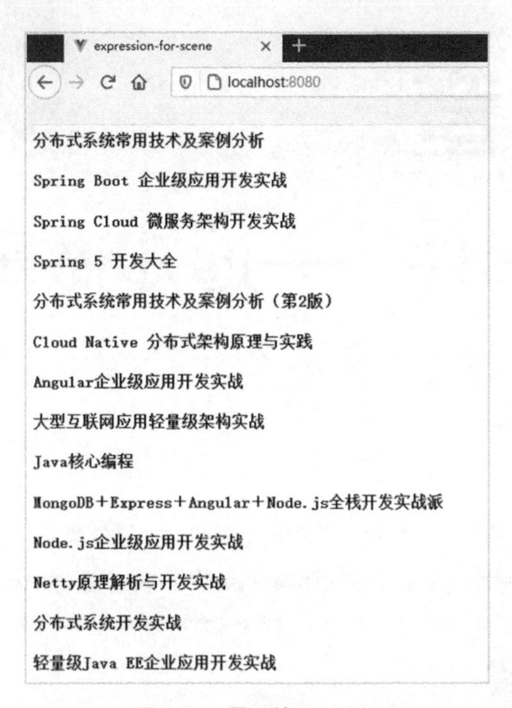

图 9-11 界面效果（11）

第 10 章 Vue.js 事件——通知做事的状态

本章主要介绍 Vue.js 事件。事件可以通知浏览器或用户某件事情的当前状态是已经做完了，还是刚刚开始做。这样，浏览器或用户可以利用事件来决策下一步要做什么。

10.1 什么是事件

在 Web 开发中，事件并不陌生。事件可以是浏览器或用户做的某些事情。下面是 HTML 事件的一些实例。

- 加载 HTML 网页完成。
- HTML 输入字段被修改。
- 单击 HTML 按钮。

通常在事件发生时，用户会希望根据这个事件做某件事情。而 JavaScript 就承担着处理这些事件的角色。

配套资源 本节实例的代码在本书配套资源的“event-basic”目录下。

10.1.1 【实战】一个简单的监听事件实例

为了更好地理解 Vue.js 事件，先从一个实例入手，代码如下：

```
<template>
  <div>
    <button @click="counter += 1">+</button>
    <p>计数: {{ counter }}</p>
  </div>
</template>

<script lang="ts">
import { Vue } from "vue-class-component";

export default class App extends Vue {
  private counter: number = 0;
}
</script>
```

上述代码比较简单，在按钮<button>上通过@click 的方式设置了一个单击事件，当该事件被触发时，会执行 JavaScript 表达式“counter += 1”，使得 counter 变量进行递增计算。界面效果如图 10-1 所示。

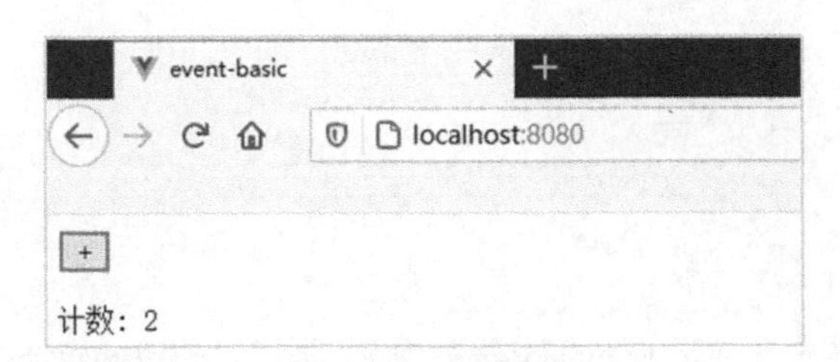

图 10-1 界面效果

前文介绍过的@click 其实是 v-on:click 的缩写。

10.1.2 理解事件的处理方法

在上述“event-basic”应用实例中，在@click 上直接绑定了一个 JavaScript 表达式。然而在大多数场景中，事件处理逻辑会比这复杂，因此，不是所有的场景都合适直接把 JavaScript 代码写在 v-on 指令中。

v-on 指令还可以接收一个需要调用的方法名称，代码如下：

```
<template>
  <div>
```

```
    <button @click="plusOne()">+</button>
    <p>计数: {{ counter }}</p>
  </div>
</template>

<script lang="ts">
import { Vue } from "vue-class-component";

export default class App extends Vue {
  private counter: number = 0;

  // 定义一个递增 1 的组件方法
  plusOne():void {
    this.counter++;
  }
}
</script>
```

在上述实例中，v-on 指令绑定了一个 plusOne()方法。还可以将绑定的方法名称进一步简化，省略“()”，代码如下：

```
<button @click="plusOne">+</button>
```

10.1.3 处理原始的 DOM 事件

有时也需要在内联语句处理器中访问原始的 DOM 事件。可以使用特殊变量$event 把原始的 DOM 事件传入方法中，代码如下：

```
<template>
  <div>
    <p>计数: {{ counter }}</p>
    <button @click="plus(3, $event)">+count</button>
  </div>
</template>

<script lang="ts">
import { Vue } from "vue-class-component";

export default class App extends Vue {
```

```
  private counter: number = 0;

  // 定义一个递增任意数的组件方法
  plus(count: number, event: Event) {
    this.counter += count;
    console.log("event:" + event.target);
  }
}
</script>
```

在上述实例中，定义了一个 plus()方法，该方法接收以下两个参数。

- count：要递增的数目。
- event：原始的 DOM 事件。

单击“+count”按钮后，界面和控制台效果如图 10-2 所示。

图 10-2　界面和控制台效果（1）

10.1.4　为什么需要在 HTML 代码中监听事件

用户可能注意到这种事件监听的方式违背了关注点分离（separation of concern）。但不必担心，因为所有的 Vue.js 事件处理方法和表达式都严格绑定在当前视图的 ViewModel 上，它不会导致任何维护上的困难。实际上，在 HTML 中监听事件具有以下几个优点。

- HTML 模板能轻松定位在 JavaScript 代码中对应的方法。

- 因为无须在 JavaScript 中手动绑定事件，所以 ViewModel 代码可以是非常纯粹的逻辑，和 DOM 事件完全解耦，更易于测试。
- 当一个 ViewModel 被销毁时，所有的事件处理器都会被自动删除，无须担心如何清理它们。

10.2 【实战】多事件处理器的实例

一个事件对应一个处理器是比较常见的模式。Vue.js 还支持一个事件对应多个处理器，代码如下：

```
<template>
  <div>
    <p>计数: {{ counter }}</p>
    <button @click="plusOne(), plus(3, $event)">+count</button>
  </div>
</template>

<script lang="ts">
import { Vue } from "vue-class-component";

export default class App extends Vue {
  private counter: number = 0;

  // 定义一个递增 1 的组件方法
  plusOne(): void {
    this.counter++;
    console.log("plusOne");
  }

  // 定义一个递增任意数的组件方法
  plus(count: number, event: Event) {
    this.counter += count;
    console.log("event:" + event.target);
  }
}
</script>
```

上述代码中的@click 同时绑定了 plusOne 和 plus 两个事件处理器。多个事件处理器之间用“,”隔开。当单击按钮时，plusOne 和 plus 两个事件处理器都会被执行。

单击“+count”按钮，界面和控制台效果如图 10-3 所示。

图 10-3　界面和控制台效果（2）

从控制台日志中可以看出，多个事件处理器的执行顺序和在@click 中同时绑定的事件处理器的执行顺序是一致的。

配套资源 本节实例的代码在本书配套资源的“event-muti”目录下。

10.3　事件修饰符

在事件处理程序中，调用 event.preventDefault()方法或 event.stopPropagation()方法是十分常见的。尽管可以在方法中轻松实现这一点，但更好的方式是，方法只有纯粹的数据逻辑，而不用处理 DOM 事件细节。为了解决这个问题，Vue.js 为 v-on 指令提供了事件修饰符。

10.3.1　什么是事件修饰符

修饰符是由点“.”开头的指令后缀来表示的，常见的事件修饰符如下。

- .stop。
- .prevent。

- .capture。
- .self。
- .once。
- .passive。

下面是事件修饰符的使用实例：

```
<!-- 阻止单击事件继续传播 -->
<a @click.stop="doThis"></a>

<!-- 提交事件不再重载页面 -->
<form @submit.prevent="onSubmit"></form>

<!-- 修饰符可以串联 -->
<a @click.stop.prevent="doThat"></a>

<!-- 只有修饰符，没有处理器-->
<form @submit.prevent></form>

<!-- 在添加事件监听器时使用事件捕获模式 -->
<!-- 即内部元素触发的事件先在此处理，然后才交由内部元素进行处理 -->
<div @click.capture="doThis">...</div>

<!-- 只有在 event.target 是当前元素自身时才触发处理函数 -->
<!-- 即事件不是从内部元素触发的 -->
<div @click.self="doThat">...</div>

<!-- 单击事件将只会触发一次 -->
<a @click.once="doThis"></a>

<!-- 滚动事件的默认行为（即滚动行为）会立即触发    -->
<!-- 而不会等待 'onScroll' 完成                    -->
<!-- 这其中包含 'event.preventDefault()' 的情况   -->
<div @scroll.passive="onScroll">...</div>
```

在使用修饰符时，顺序很重要；相应的代码会以同样的顺序产生。因此，使用 v-on:click.prevent.self 会阻止所有的单击事件，而使用 v-on:click.self.prevent 只会阻止对元素自身的单击事件。

.once 修饰符比较特殊，不像其他修饰符只能对原生的 DOM 事件起作用，.once 修饰符还能被应用到自定义的组件事件上。

.passive 修饰符能够提升移动端的性能。

> 不要把.passive 和.prevent 一起使用，因为.prevent 会被忽略，同时浏览器可能会向用户发出一个警告。请记住，.passive 会告诉浏览器，用户不想阻止事件的默认行为。

10.3.2 按键修饰符

在监听键盘事件时，经常需要检查详细的按键。Vue.js 允许为键盘事件添加按键修饰符，代码如下：

```
<!-- 只有在 KeyboardEvent.key 是 Enter 时才调用 vm.submit() -->
<input @keyup.enter="submit" />
```

可以直接将用 KeyboardEvent.key 暴露的任意有效按键名转换为修饰符，代码如下：

```
<input @keyup.page-down="onPageDown" />
```

在上述实例中，onPageDown()处理函数只会在$event.key 等于“PageDown”时才被调用。

其他常用的按键修饰符如下。

- .enter。
- .tab。
- .delete。
- .esc。
- .space。
- .up。
- .down。
- .left。
- .right。

10.3.3 系统修饰符

系统修饰符是指仅在按下相应按键时才会触发鼠标或键盘事件。系统修饰符如下。

- .ctrl。
- .alt。
- .shift。
- .meta。

一个系统修饰符的实例代码如下：

```
<!-- Alt + Enter -->
<input @keyup.alt.enter="clear" />

<!-- Ctrl + Click -->
<div @click.ctrl="doSomething">Do something</div>
```

除上述系统修饰符外，还有.exact 修饰符和鼠标按钮修饰符。

1. .exact 修饰符

.exact 修饰符允许用户控制由精确的系统修饰符组合触发的事件，代码如下：

```
<!-- 当同时按下 Ctrl+Alt+Shift 键时才会触发 -->
<button @click.ctrl="onClick">A</button>

<!--当只有按下 Ctrl 键时才会触发 -->
<button @click.ctrl.exact="onCtrlClick">A</button>

<!-- 当没有按下任何系统修饰符时才会触发 -->
<button @click.exact="onClick">A</button>
```

2. 鼠标按钮修饰符

鼠标按钮修饰符如下。

- .left。
- .right。
- .middle。

这些鼠标按钮修饰符会限制处理函数仅响应特定的鼠标按钮。

第 11 章 Vue.js 表单——采集用户输入的数据

表单是网页中最普遍的元素，它主要负责用户输入数据的采集。

11.1 理解“表单输入绑定”

Vue.js 支持使用 v-model 指令在表单的<input>、<textarea>及<select>等输入标签上创建双向数据绑定，它会根据控件类型自动选取正确的方法来更新元素。

v-model 指令本质是“语法糖”，它可以用于监听用户的输入事件并更新数据，以及对一些极端场景进行特殊处理。

v-model 指令会忽略所有表单元素的 value、checked、selected 等 attribute 的初始值，而总是将当前活动实例的数据作为数据来源。开发者应该通过 JavaScript 在组件的 data 选项中声明初始值。

v-model 指令在内部为不同的输入元素使用不同的 property，并抛出不同的事件。

- 对于 text 和 textarea 元素，使用 value property 和 input 事件。
- 对于 checkbox 和 radio 元素，使用 checked property 和 change 事件。

- 对于 select 元素，将 value 作为 prop，以及将 change 作为事件。

11.2 【实战】“表单输入绑定”的基础用法

本节主要介绍“表单输入绑定”的基础用法，包括文本、多行文本、复选框、单选按钮、选择框等。

配套资源 本节实例的代码在本书配套资源的“form-input-binding”目录下。

11.2.1 文本

文本是“表单输入绑定”最常见的类型。一个本文的实例代码如下：

```
<template>
  <div>
    <!--绑定文本-->
    <input v-model="message" placeholder="编辑消息" />
    <p>输入的消息是: {{ message }}</p>
  </div>
</template>

<script lang="ts">
import { Vue } from "vue-class-component";

export default class App extends Vue {
  private message: string = "";
}
</script>
```

在上述实例中，message 是要绑定的文本。当在<input>中输入内容改变 message 时，内容会同步更新到下面<p>的{{ message }}中。界面效果如图 11-1 所示。

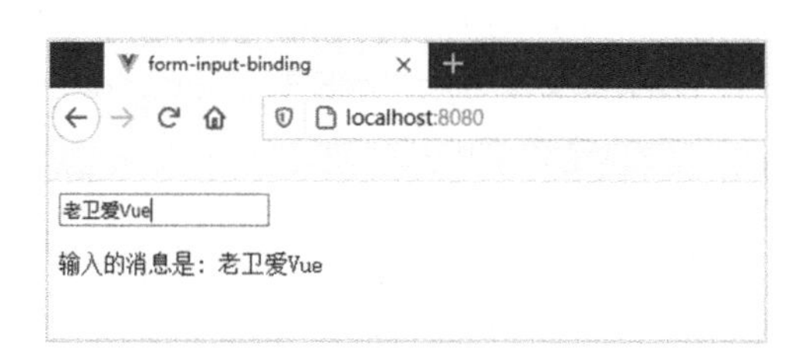

图 11-1　界面效果（1）

11.2.2　多行文本

一个多行文本的实例代码如下：

```
<template>
  <div>
    <!--绑定多行文本-->
    <textarea v-model="message" placeholder="编辑消息"></textarea>
    <p>输入的消息是: {{ message }}</p>
  </div>
</template>

<script lang="ts">
import { Vue } from "vue-class-component";

export default class App extends Vue {
  private message: string = "";
}
</script>
```

在上述实例中，message 是要绑定的文本。当在<textarea>中输入内容改变 message 时，内容会同步更新到下面<p>的{{ message }}中。界面效果如图 11-2 所示。

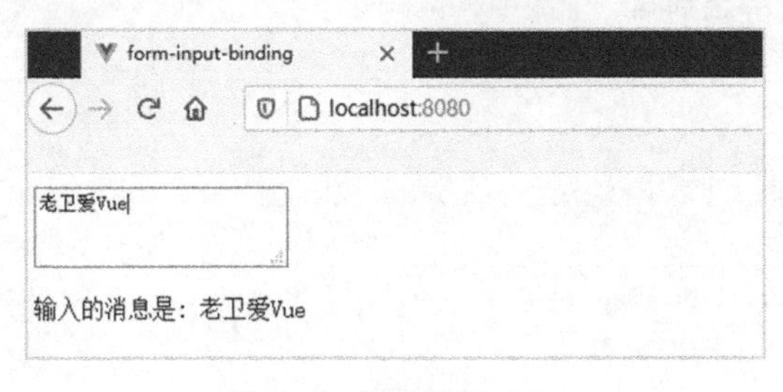

图 11-2　界面效果（2）

11.2.3　复选框

单个复选框的实例代码如下：

```
<template>
  <div>
    <!--单个复选框，绑定到布尔值-->
    <input type="checkbox" id="checkbox" v-model="checked" />
```

```
    <label for="checkbox">是否选中：{{ checked }}</label>
  </div>
</template>

<script lang="ts">
import { Vue } from "vue-class-component";

export default class App extends Vue {
  private checked: boolean = true;
}
</script>
```

在上述实例中，checked 是要绑定的布尔值。在 checkbox 上进行勾选或取消勾选时，checked 的值会同步更新到下面的<label>的{{ checked }}中。界面效果如图 11-3 和图 11-4 所示。

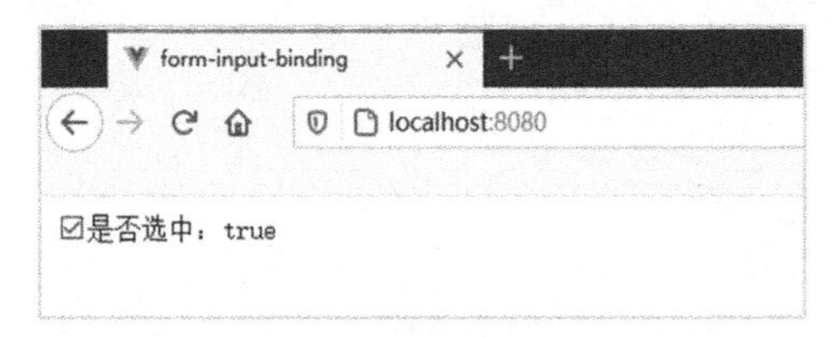

图 11-3　界面效果（3）

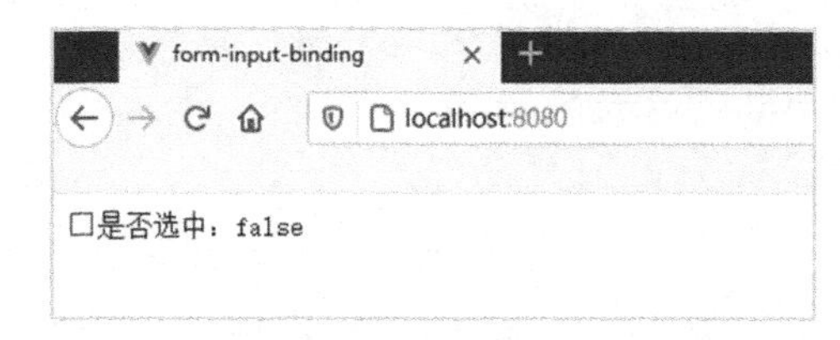

图 11-4　界面效果（4）

也支持将多个复选框绑定到同一个数组，代码如下：

```
<template>
  <div>
    <!--将多个复选框绑定到同一个数组-->
    <div>
      <input type="checkbox" id="baozi" value="包子" v-model="checkedNames" />
      <label for="baozi">包子</label>
      <input type="checkbox" id="cake" value="蛋糕" v-model="checkedNames" />
      <label for="cake">蛋糕</label>
      <input
        type="checkbox"
        id="tangyuan"
        value="汤圆"
        v-model="checkedNames"
      />
      <label for="tangyuan">汤圆</label>
```

```
      <br />
      <span>点菜：{{ checkedNames }}</span>
    </div>
  </div>
</template>

<script lang="ts">
import { Vue } from "vue-class-component";

export default class App extends Vue {
  private checkedNames: string[] = [];
}
</script>
```

在上述实例中，checkedNames 是要绑定的字符串数组。在 checkbox 上进行勾选或取消勾选时，checked 的值会同步更新到下面的{{ checkedNames }}中。界面效果如图 11-5 所示。

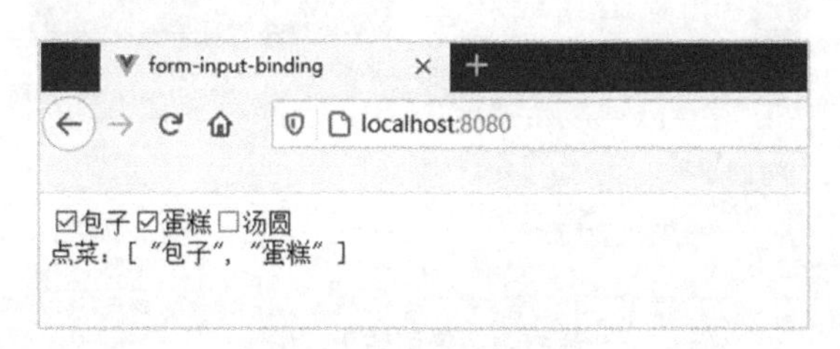

图 11-5　界面效果（5）

11.2.4　单选按钮

一个单选按钮的实例代码如下：

```
<template>
  <div>
    <!–将单选按钮绑定到同一个值-->
    <div>
      <input type="radio" id="good" value="红星高照" v-model="picked" />
      <label for="good">红星高照</label>
      <br />
      <input type="radio" id="bad" value="霉运临头" v-model="picked" />
      <label for="bad">霉运临头</label>
      <br />
```

```
      <span>预测今日运势: {{ picked }}</span>
    </div>
  </div>
</template>

<script lang="ts">
import { Vue } from "vue-class-component";

export default class App extends Vue {
  private picked: string = "";
}
</script>
```

在上述实例中，picked 是要绑定的值。在 radio 上进行选择时，picked 的值会同步更新到下面的{{ picked }}中。界面效果如图 11-6 所示。

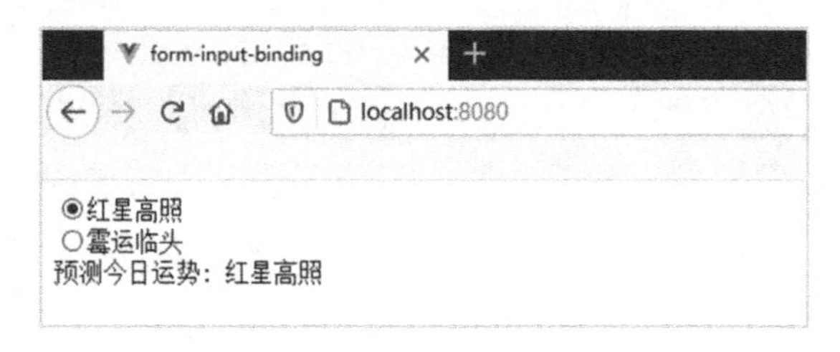

图 11-6　界面效果（6）

11.2.5　选择框

一个选择框的实例代码如下：

```
<template>
  <div>
    <!—将选择框绑定到某个值-->
    <div>
      <select v-model="selected">
        <option disabled value="">选择一个套餐</option>
        <option>A</option>
        <option>B</option>
        <option>C</option>
      </select>
      <span>选择的套餐是: {{ selected }}</span>
```

```
    </div>
  </div>
</template>

<script lang="ts">
import { Vue } from "vue-class-component";

export default class App extends Vue {
  private selected: string = "";
}
</script>
```

在上述实例中，selected 是要绑定的值。在 select 上进行选择时，selected 的值会同步更新到下面的{{ selected }}中。界面效果如图 11-7 所示。

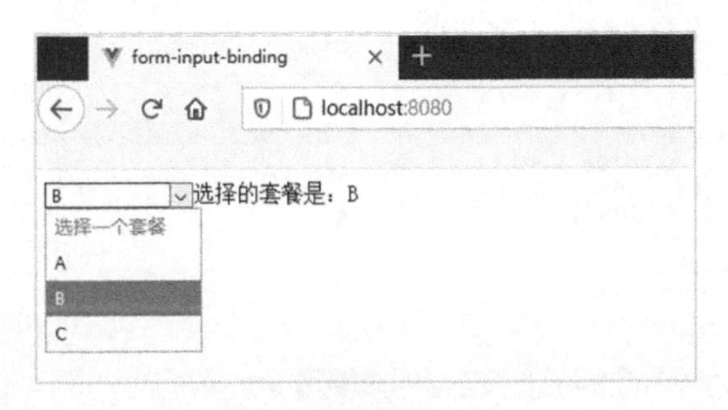

图 11-7　界面效果（7）

11.3 【实战】对表单进行值绑定

在 11.2 节了解到，对于单选按钮、复选框及选择框，使用 v-model 指令绑定的值通常是静态字符串（对于复选框，使用 v-model 指令绑定的值也可以是布尔值）。但有时可能想把值绑定到当前活动实例的一个动态 property 上，这时可以使用 v-bind 指令实现。此外，使用 v-bind 指令可以将输入值绑定到非字符串。

配套资源 本节实例的代码在本书配套资源的“form-input-binding-value-binding”目录下。

11.3.1 复选框

一个复选框的实例代码如下：

```
<template>
  <!—将单个复选框绑定到动态 property 上-->
  <div>
    <input
      type="checkbox"
      id="checkbox"
      v-model="toggle"
      true-value="yes"
      false-value="no"
    />
    <label for="checkbox">是否选中: {{ toggle }}</label>
  </div>
</template>

<script lang="ts">
import { Vue } from "vue-class-component";

export default class App extends Vue {
  private toggle: string = "yes";
}
</script>
```

在上述实例中，toggle 是要绑定的文本，同时绑定 true 值到“yes”，绑定 false 值到“no”。当 toggle 的值为“yes”时，界面效果如图 11-8 所示。

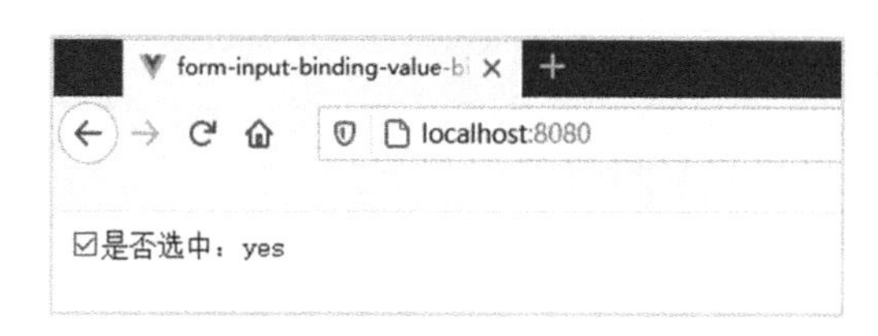

图 11-8　界面效果（8）

11.3.2　单选按钮

一个单选按钮的实例代码如下：

```
<template>
  <!—将单选按钮绑定到动态 property 上-->
  <div>
```

```
    <label v-for="book in books" :key="book">
      <input type="radio" v-model="picked" v-bind:value="book" />
      {{ book }}
      <br />
    </label>

    <br />
    <span>选中: {{ picked }}</span>
  </div>
</template>

<script lang="ts">
import { Vue } from "vue-class-component";

export default class App extends Vue {
  private picked: string = "";

  private books: string[] = [
    "分布式系统常用技术及案例分析",
    "Spring Boot 企业级应用开发实战",
    "Spring Cloud 微服务架构开发实战",
    "Spring 5 开发大全",
    "分布式系统常用技术及案例分析（第 2 版）",
    "Cloud Native 分布式架构原理与实践",
    "Angular 企业级应用开发实战",
    "大型互联网应用轻量级架构实战",
    "Java 核心编程",
    "MongoDB + Express + Angular + Node.js 全栈开发实战派",
    "Node.js 企业级应用开发实战",
    "Netty 原理解析与开发实战",
    "分布式系统开发实战",
    "轻量级 Java EE 企业应用开发实战",
  ];
}
</script>
```

在上述实例中，通过 v-bind 指令绑定 value，而 value 是一个可变的数据 book，而 book 是通过 v-for 指令遍历生成的。v-bind:value 也可以简化为:value。界面效果如图 11-9 所示。

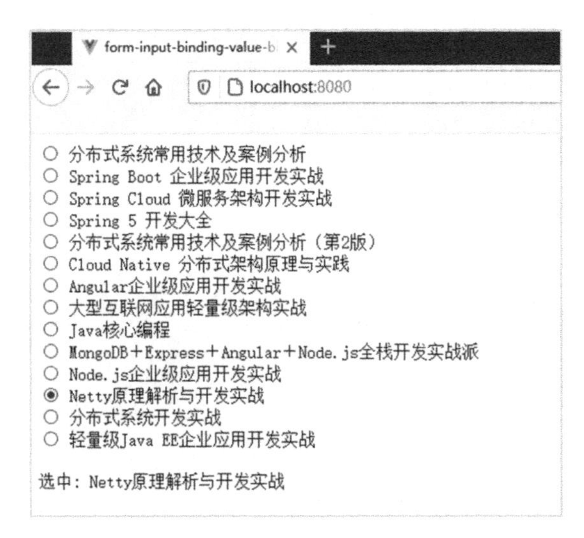

图 11-9　界面效果（9）

11.3.3　选择框

一个选择框的实例代码如下：

```
<template>
  <!—将选择框绑定到动态 property 上-->
  <div>
    <select v-model="selected">
      <option disabled value="">选择一本书</option>
      <option v-for="book in bookList" :key="book.id" v-bind:value="book.id">
        {{ book.label }}
      </option>
    </select>
    <span>选择的套餐是：{{ selected }}</span>
  </div>
</template>

<script lang="ts">
import { Vue } from "vue-class-component";

export default class App extends Vue {
  private selected: string = "";
  private bookList: any[] = [
```

```
    {
      id: 1,
      label: "Spring Boot 企业级应用开发实战",
    },
    {
      id: 2,
      label: "Spring Cloud 微服务架构开发实战",
    },
    {
      id: 3,
      label: "Spring 5 开发大全",
    },
    {
      id: 4,
      label: "Netty 原理解析与开发实战",
    },
  ];
}
</script>
```

在上述实例中，selected 是要绑定的值，将其通过 v-bind:value 绑定到动态 property 上。本实例中的动态 property 是指 book.id。当在<select>标签上进行选择时，selected 的值会同步更新到下面的{{ selected }}中。界面效果如图 11-10 所示。

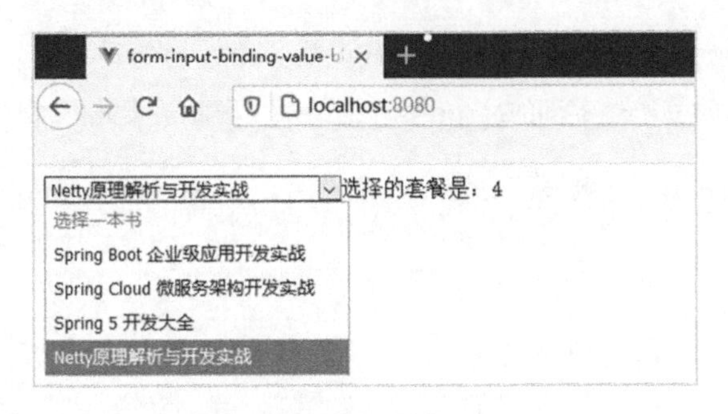

图 11-10　界面效果（10）

11.4　【实战】表单修饰符的使用

表单输入还支持.lazy、.number、.trim 等修饰符。

配套资源 本节实例的代码在本书配套资源的“form-input-binding-modifier”目录下。

11.4.1 使用.lazy 修饰符的实例

在默认情况下，v-model 指令在每次 input 事件触发后会将输入框的值与模型数据进行一次同步。可以添加.lazy 修饰符，从而让表单输入变为在 change 事件之后再进行同步。

一个.lazy 修饰符的实例代码如下：

```
<template>
  <!-- .lazy 修饰符，在 change 事件之后再进行同步-->
  <div>
    <input v-model.lazy="message" />
    <p>输入的消息：{{ message }}</p>
  </div>
</template>

<script lang="ts">
import { Vue } from "vue-class-component";

export default class App extends Vue {
  private message: string = "";
}
</script>
```

在上述实例中，message 是要绑定的值。在设置了.lazy 修饰符之后，在输入框中输入内容，并不会将输入的内容实时同步到下面的{{ message }}中。界面效果如图 11-11 所示。

而只有将光标从输入框移出触发了 change 事件后，{{ message }}的内容才会更新。界面效果如图 11-12 所示。

图 11-11　界面效果（11）

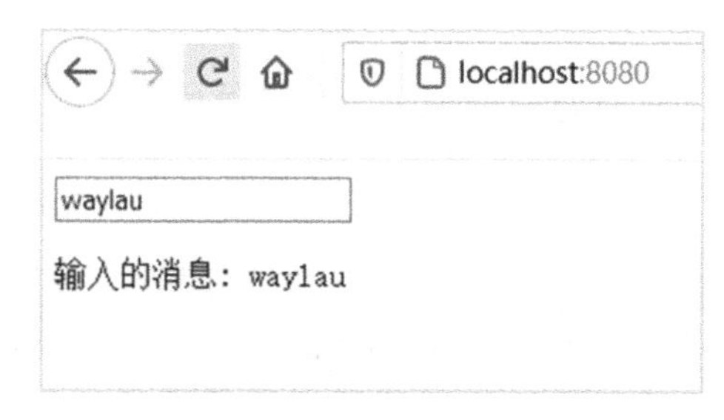

图 11-12　界面效果（12）

11.4.2　使用.number 修饰符的实例

如果想要自动将用户的输入值转换为数值类型，则可以添加.number 修饰符。

一个.number 修饰符的实例代码如下：

```
<template>
  <!-- .number 修饰符用于自动将用户的输入值转换为数值类型-->
  <div>
    <input v-model.number="age" />
    <p>输入的内容: {{ age }}</p>
  </div>
</template>

<script lang="ts">
import { Vue } from "vue-class-component";

export default class App extends Vue {
  private age: number = 0;
}
</script>
```

在上述实例中，age 是要绑定的值。在添加.number 修饰符之后，在输入框中输入内容，如果输入的是非数字，则不会将其同步到下面的{{ message }}中。界面效果如图 11-13 所示。

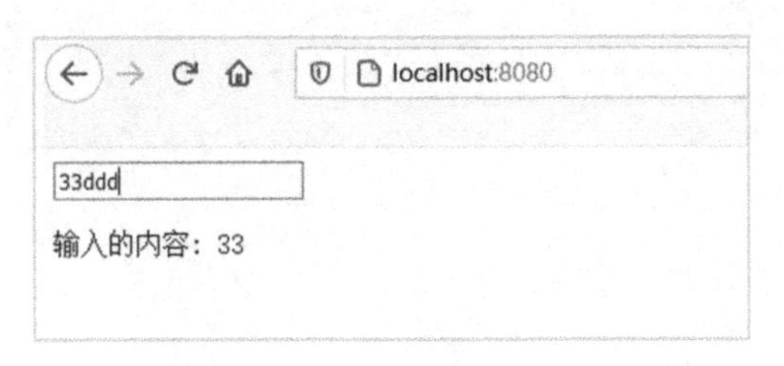

图 11-13　界面效果（13）

11.4.3　使用.trim 修饰符的实例

.trim 修饰符用于自动过滤用户输入的首尾空白字符。以下是一个使用.trim 修饰符的实例：

```
<template>
  <!-- .trim 修饰符用于自动过滤用户输入的首尾空白字符 -->
  <div>
```

```
    <input v-model.trim="text" />
    <p>输入的内容: {{ text }}</p>
  </div>
</template>

<script lang="ts">
import { Vue } from "vue-class-component";

export default class App extends Vue {
  private text: string = "";
}
</script>
```

在上述实例中，text 是要绑定的值。在添加.trim 修饰符之后，在输入框中输入内容，如果输入的内容首尾包含空白字符，则这些空白字符会被过滤。界面效果如图 11-14 所示。

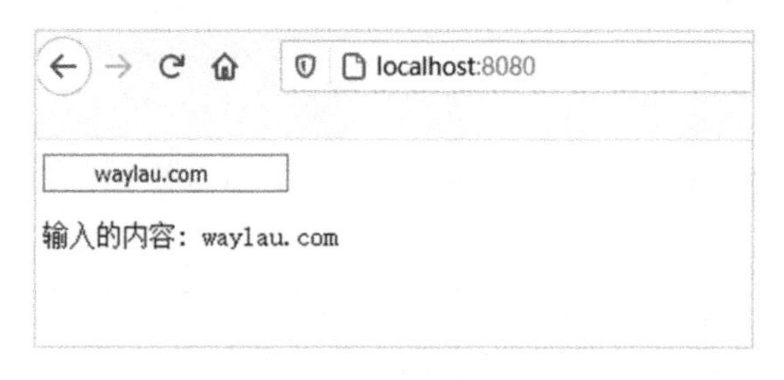

图 11-14　界面效果（14）

第 3 篇　进阶

第 12 章 深入组件

第 5 章已经介绍了 Vue.js 组件的基础概念。本章将继续深入介绍 Vue.js 组件的原理。

12.1 什么是“组件注册”

在使用 Vue.js 组件时，要先对其进行注册。“组件注册”分为全局注册和局部注册。

12.1.1 理解“组件注册”

组件只有在注册后才能被使用。第 5 章已经介绍了一个基本的 Vue.js 组件实例“basic-component-reusable”，其中，App.vue 根组件的代码如下：

```
<template>
  <HelloWorld msg="baisc component"/>
</template>

<script lang="ts">
import { Options, Vue } from 'vue-class-component';
import HelloWorld from './components/HelloWorld.vue';

@Options({
  components: {
    HelloWorld,
```

```
  },
})
export default class App extends Vue {}
</script>
```

在上述实例中，如果 App.vue 根组件要使用 HelloWorld.vue 子组件的功能，则要在 App.vue 根组件中注册 HelloWorld.vue 子组件。其注册方法是在注解@Options 中填写 components 的信息。

12.1.2　组件命名

在注册一个组件时，需要为它命名。如果不显示命名，则 Vue.js 会根据类的名称自动分配组件的名称。比如，在上述“basic-component-reusable”的实例中，就没有显示指定组件的名称。

在大多数情况下，使用隐式的组件名称（Vue 自动分配的名称）不会有太大问题，但在有些场景中却不适用。比如，在 5.4 节介绍了必须指定组件的名称“TemplateOne”和“TemplateTwo”，这样组件才能被缓存，代码如下：

```
import { Options, Vue } from "vue-class-component";

@Options({
  name: "TemplateOne",
})
export default class TemplateOne extends Vue {
   // ...
}
import { Options, Vue } from "vue-class-component";

@Options({
  name: "TemplateTwo",
})
export default class TemplateTwo extends Vue {
   // ...
}
```

组件的命名可以使用驼峰式命名法（camelCase）或者短横线分隔命名法（kebab-case）。

1. 短横线分隔命名法（kebab-case）

如果使用短横线分隔命名法定义了一个组件，则在引用这个自定义元素时也必须使用短横线分隔命名法，代码如下：

```
<my-component-name>
```

2. 驼峰式命名法（camelCase）

如果使用驼峰式命名法定义一个组件，则在引用这个自定义元素时两种命名法都可以使用。即<my-component-name> 和<MyComponentName>都是可接受的。

当直接在 DOM 中使用组件时，只有短横线分隔命名法是有效的。

3. 组件名为多个单词

组件名应该始终是由多个单词组成的，除 App.vue 根组件及<transition>、<component>之类的内置组件外。这样做可以避免与现有的及未来的 HTML 元素产生冲突，因为所有的 HTML 元素名称都是单个单词。

下面是反面实例，不推荐使用：

```
// 反面实例
app.component('todo', {
  // ...
})
export default {
  name: 'Todo',
  // ...
}
```

下面是正面实例，推荐使用：

```
// 正面实例
app.component('todo-item', {
  // ...
})
export default {
  name: 'TodoItem',
```

```
  // ...
}
```

12.2 理解全局注册

可以采用 app.component 的方式来创建组件，代码如下：

```
Vue.createApp({...}).component('my-component-name', {
  // 选项
})
```

上述“组件注册”的方式就是全局注册。

全局注册是指在注册组件后，可以在任何新创建的组件实例的模板中使用组件，代码如下：

```
const app = Vue.createApp({})

app.component('component-a', {
  // 选项
})
app.component('component-b', {
  // 选项
})
app.component('component-c', {
  // 选项
})

app.mount('#app')
<div id="app">
  <component-a></component-a>
  <component-b></component-b>
  <component-c></component-c>
</div>
```

上面 3 个组件是使用全局注册的，即这 3 个组件在各自内部也都可以相互使用。

12.3 【实战】一个局部注册的实例

不是所有的场景都适合使用全局注册的方式。比如，在 webpack 系统中，使用全局注册所有的组件意味着，即便用户已经不再使用一个组件，该组件仍然会被包含在用户构建的结果中。这会造成用户下载无用的 JavaScript，从而影响性能。

因此，在大多数情况下是使用局部注册的方式。本书中的所有实例都是使用局部注册的方式，如下面的实例：

```
<template>
  <ComponentApple/>
</template>

<script lang="ts">
import { Options, Vue } from 'vue-class-component';
import ComponentApple from './components/ComponentApple.vue';

@Options({
  components: {
    ComponentApple,
  },
})
export default class App extends Vue {}
</script>
```

在上述实例中，在 App.vue 父组件中通过局部注册方式注册了 ComponentApple.vue 子组件。

在 App.vue 父组件中局部注册的子组件是不能在其他 App.vue 的子组件中使用的。例如，如果希望 ComponentApple.vue 子组件在 ComponentBanana.vue 子组件中可用，则需要这样写：

```
<template>
  <div>
    <h1>ComponentBanana</h1>
  </div>
  <ComponentApple />
</template>
```

```
<script lang="ts">
import { Options, Vue } from "vue-class-component";
import ComponentApple from "./ComponentApple.vue";

@Options({
  components: {
    ComponentApple,
  },
})
export default class ComponentBanana extends Vue {}
</script>
```

配套资源 本节实例的代码在本书配套资源的“component-local-registration”目录下。

12.4 【实战】一个模板引用的实例

有时可能需要直接访问 JavaScript 中的子组件。因此，可以使用 ref attribute 为子组件或 HTML 元素指定引用 ID，代码如下：

```
<template>
  <input ref="input" />
</template>

<script lang="ts">
import { Vue } from "vue-class-component";

import ComponentApple from "./components/ComponentApple.vue";

export default class App extends Vue {
  mounted() {
    let input: any = this.$refs.input;
    input.focus();
  }
}
</script>
```

在上述实例中，以编程的方式在 input 上执行了 focus()方法以获取焦点，界面效果如图 12-1 所示。

图 12-1 界面效果（1）

从图 12−1 中可以看到，<input>标签在初始化后就获取了焦点。

此外，还可以向组件本身添加另一个 ref attribute，并使得它从父组件触发 focus 事件代码。假设有 ComponentApple.vue 子组件，代码如下：

```
<template>
  <div>
    <input />
  </div>
</template>

<script lang="ts">
import { Vue } from "vue-class-component";

export default class ComponentApple extends Vue {}
</script>
```

为了触发 ComponentApple.vue 子组的 input 焦点事件，App.vue 父组件的代码如下：

```
<template>
  <ComponentApple ref="appleInput" />
</template>

<script lang="ts">
import { Options, Vue } from "vue-class-component";

import ComponentApple from "./components/ComponentApple.vue";
@Options({
  components: {
    ComponentApple,
  },
})
export default class App extends Vue {
```

```
  mounted() {
    let appleInput: any = this.$refs.appleInput;
    appleInput.focus();
  }
}
</script>
```

配套资源 本节实例的代码在本书配套资源的“component-template-ref”目录下。

12.5 深入介绍 prop（输入属性）

前文已经初步介绍了 prop，本节将深入介绍 prop。

配套资源 本节实例的代码在本书配套资源的“component-prop”目录下。

12.5.1 理解 prop

简单来说，prop 用于定义组件的输入属性，即入参。

回忆 5.2.1 节的“basic-component-reusabale”实例，代码如下：

```
<template>
  <HelloWorld msg="baisc component"/>
  <HelloWorld msg="baisc component reusable"/>
</template>

<script lang="ts">
import { Options, Vue } from 'vue-class-component';
import HelloWorld from './components/HelloWorld.vue';

@Options({
  components: {
    HelloWorld,
  },
})
export default class App extends Vue {}
</script>
```

在上述实例中，在<template>标签中，HelloWorld.vue 子组件被实例化了两次。msg 是 HelloWorld.vue 子组件的属性，可以通过 App.vue 父组件向 HelloWorld.vue 子组件传递不同的 msg 属性值。msg 在 HelloWorld.vue 子组件的定义代码如下：

```
<template>
  <div class="hello">
    <h1>{{ msg }}</h1>
  </div>
</template>

<script lang="ts">
import { Options, Vue } from 'vue-class-component';

@Options({
  props: {
    msg: String
  }
})
export default class HelloWorld extends Vue {
  msg!: string
}
</script>
```

在上述代码中，使用@Options 注解所定义的 props 用于定义 HelloWorld.vue 子组件的输入属性为 msg，即实现通过 prop 向子组件传递数据。

12.5.2 prop 类型

通常，每个 prop 都有指定的类型。可以以对象形式列出 prop 的类型，这些 property 的名称和值就是 prop 的名称和类型。

下面实例展示了各种类型的 prop：

```
props: {
  title: String,
  likes: Number,
  isPublished: Boolean,
  commentIds: Array,
  author: Object,
```

```
  callback: Function,
  contactsPromise: Promise // 其他任何构造函数
}
```

12.5.3 【实战】传递动态 prop

在“basic-component-reusabale”实例中，给 prop 传入一个静态的值“baisc component”字符串，其实 Vue.js 也支持传递动态 prop。

下面实例展示了传递动态 prop：

```
<template>
  <ComponentApple :title="apple.title" />
</template>

<script lang="ts">
import { Options, Vue } from "vue-class-component";

import ComponentApple from "./components/ComponentApple.vue";
@Options({
  components: {
    ComponentApple,
  },
})
export default class App extends Vue {
  private apple: any = {
    title: "Mac",
  };
}
</script>
```

在上述实例中，向 ComponentApple.vue 子组件传递了动态的 apple.title。ComponentApple.vue 子组件的代码如下：

```
<template>
  <div class="apple">
    <h2>title: {{ title }}</h2>
  </div>
</template>
```

```
<script lang="ts">
import { Options, Vue } from "vue-class-component";

@Options({
  props: {
    title: String,
  },
})
export default class ComponentApple extends Vue {
  title!: string;
}
</script>
```

界面效果如图 12-2 所示。

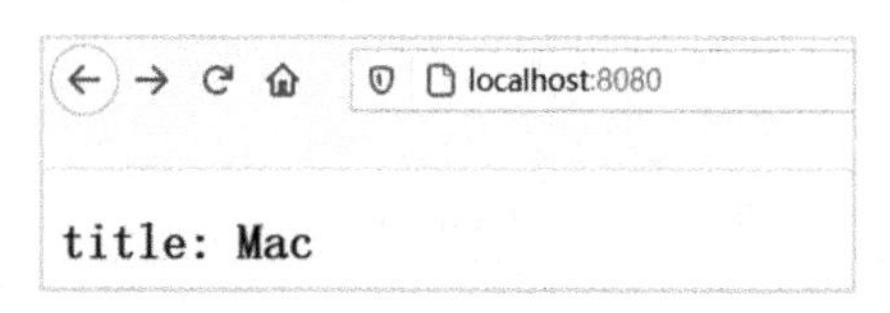

图 12-2　界面效果（2）

12.5.4　【实战】传递动态 prop 数字

下面实例展示了传递动态 prop 数字：

```
<template>
  <!-- 动态赋予一个变量的数字 -->
  <ComponentApple :age="apple.age" />
</template>

<script lang="ts">
import { Options, Vue } from "vue-class-component";

import ComponentApple from "./components/ComponentApple.vue";
@Options({
  components: {
    ComponentApple,
  },
```

```
})
export default class App extends Vue {
  private apple: any = {
    age: 37,
  };
}
</script>
```

在上述实例中，向 ComponentApple.vue 子组件传递了动态的 apple.age 数字。ComponentApple.vue 子组件的代码如下：

```
<template>
  <div class="apple">
    <h2>age: {{ age }}</h2>
  </div>
</template>

<script lang="ts">
import { Options, Vue } from "vue-class-component";

@Options({
  props: {
    age: Number,
  },
})
export default class ComponentApple extends Vue {
  age!: Number;
}
</script>
```

界面效果如图 12-3 所示。

localhost:8080

age: 37

图 12-3　界面效果（3）

12.5.5 【实战】传递动态 prop 布尔值

下面实例展示了传递动态 prop 布尔值：

```
<template>
  <!-- 动态赋予一个变量的布尔值 -->
  <ComponentApple :isPublished="apple.isPublished" />
</template>

<script lang="ts">
import { Options, Vue } from "vue-class-component";

import ComponentApple from "./components/ComponentApple.vue";
@Options({
  components: {
    ComponentApple,
  },
})
export default class App extends Vue {
  private apple: any = {
    isPublished: true
  };
}
</script>
```

在上述实例中，向 ComponentApple.vue 子组件传递了动态的 apple.isPublished 布尔值。ComponentApple.vue 子组件的代码如下：

```
<template>
  <div class="apple">
    <h2>isPublished: {{ isPublished }}</h2>
  </div>
</template>

<script lang="ts">
import { Options, Vue } from "vue-class-component";

@Options({
  props: {
```

```
    isPublished: Boolean,
  },
})
export default class ComponentApple extends Vue {
  isPublished!: Boolean;
}
</script>
```

界面效果如图 12-4 所示。

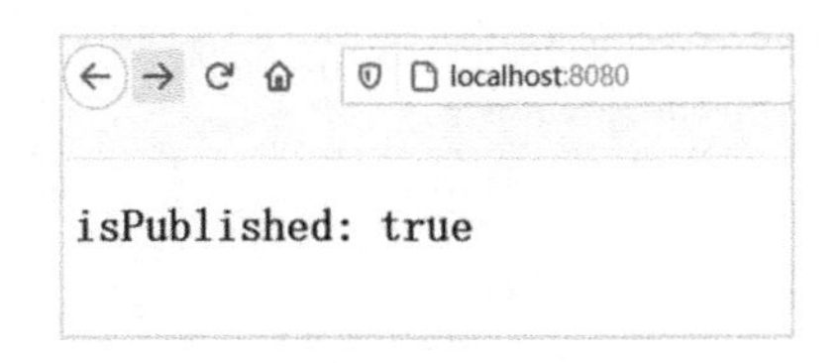

图 12-4 界面效果（4）

12.5.6 【实战】传递动态 prop 数组

下面实例展示了传递动态 prop 数组：

```
<template>
  <!-- 动态赋予一个动态数组 -->
  <ComponentApple :publishedYears="apple.publishedYears" />
</template>

<script lang="ts">
import { Options, Vue } from "vue-class-component";

import ComponentApple from "./components/ComponentApple.vue";
@Options({
  components: {
    ComponentApple,
  },
})
export default class App extends Vue {
  private apple: any = {
    publishedYears: [
      1976,
```

```
      1977,
      1983,
      1984,
      1991,
      1998,
      2000,
      2001,
      2002,
      2003,
      2005,
      2006,
      2008,
    ],
  };
}
</script>
```

在上述实例中，向 ComponentApple.vue 子组件传递了动态的 apple.publishedYears 数组。ComponentApple.vue 子组件的代码如下：

```
<template>
  <div class="apple">
    <h2>publishedYears: {{ publishedYears }}</h2>
  </div>
</template>

<script lang="ts">
import { Options, Vue } from "vue-class-component";

@Options({
  props: {
    publishedYears: Array
  },
})
export default class ComponentApple extends Vue {
  publishedYears: Array<Number> = [];
}
</script>
```

界面效果如图 12-5 所示。

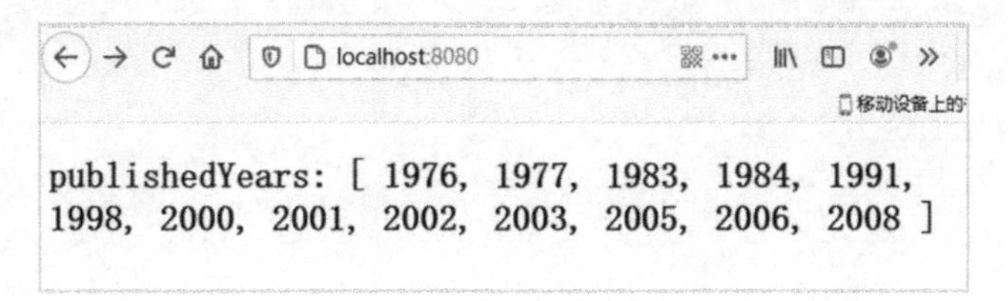

图 12-5 界面效果（5）

12.5.7 【实战】传递动态 prop 对象

下面实例展示了传递动态 prop 对象：

```
<template>
  <!-- 动态赋予一个动态对象 -->
  <ComponentApple :author="apple.author" />
</template>

<script lang="ts">
import { Options, Vue } from "vue-class-component";

import ComponentApple from "./components/ComponentApple.vue";
@Options({
  components: {
    ComponentApple,
  },
})
export default class App extends Vue {
  private apple: any = {
    author: {
      name: "Steve Jobs",
      birthday: "1955-2-24",
    },
  };
}
</script>
```

在上述实例中，向 ComponentApple.vue 子组件传递了动态的 apple.author 对象。

ComponentApple.vue 子组件的代码如下：

```
<template>
  <div class="apple">
    <h2>author: {{ author }}</h2>
  </div>
</template>

<script lang="ts">
import { Options, Vue } from "vue-class-component";

@Options({
  props: {
    author: Object
  },
})
export default class ComponentApple extends Vue {
  author!: Object;
}
</script>
```

界面效果如图 12-6 所示。

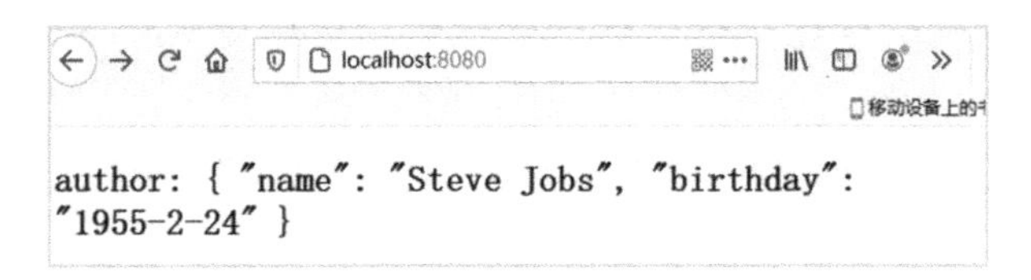

图 12-6　界面效果（6）

12.5.8　【实战】传递动态 prop 对象中的所有 property

如果想要将一个对象的所有 property 都作为 prop 传入，则可以使用不带参数的 v-bind 指令以取代 v-bind:prop-name 指令，代码如下：

```
<template>
  <!-- 动态赋予一个动态对象的所有 property -->
  <ComponentApple v-bind="apple" />
</template>
```

```
<script lang="ts">
import { Options, Vue } from "vue-class-component";

import ComponentApple from "./components/ComponentApple.vue";
@Options({
  components: {
    ComponentApple,
  },
})
export default class App extends Vue {
  private apple: any = {
    title: "Mac",
    age: 37,
    isPublished: true,
    publishedYears: [
      1976,
      1977,
      1983,
      1984,
      1991,
      1998,
      2000,
      2001,
      2002,
      2003,
      2005,
      2006,
      2008,
    ],
    author: {
      name: "Steve Jobs",
      birthday: "1955-2-24",
    },
  };
}
</script>
```

在上述实例中，向 ComponentApple.vue 子组件传递了动态的 apple 对象（包含了该对象的所有 property)。ComponentApple.vue 子组件的代码如下：

```
<template>
  <div class="apple">
    <h2>title: {{ title }}</h2>
    <h2>age: {{ age }}</h2>
    <h2>isPublished: {{ isPublished }}</h2>
    <h2>publishedYears: {{ publishedYears }}</h2>
    <h2>author: {{ author }}</h2>
  </div>
</template>

<script lang="ts">
import { Options, Vue } from "vue-class-component";

@Options({
  props: {
    title: String,
    age: Number,
    isPublished: Boolean,
    publishedYears: Array,
    author: Object,
  },
})
export default class ComponentApple extends Vue {
  title!: string;
  age!: Number;
  isPublished!: Boolean;
  publishedYears: Array<Number> = [];
  author!: Object;
}
</script>
```

界面效果如图 12-7 所示。

localhost:8080

移动设备上的

title: Mac

age: 37

isPublished: true

publishedYears: [1976, 1977, 1983, 1984, 1991, 1998, 2000, 2001, 2002, 2003, 2005, 2006, 2008]

author: { "name": "Steve Jobs", "birthday": "1955-2-24" }

图 12-7　界面效果（7）

12.5.9　理解单向下行绑定

父子 prop 之间是一个单向下行绑定，即父级 prop 的更新会向下流动到子组件中，但是反过来则不行。这是为了防止从子组件意外变更父级组件的状态，从而导致应用的数据流向难以理解。

在 JavaScript 中，对象和数组是通过引用传入的。所以，对于一个数组或对象类型的 prop 来说，在子组件中改变这个对象或数组本身是会影响父组件的状态的。

当每次父组件发生变更时，子组件中所有的 prop 都会刷新为最新的值。这意味着，不应该在一个子组件内部变更 prop。如果这样做了，则 Vue.js 会在浏览器的控制台中发出警告。

下面是两种常见的变更一个 prop 的情形。

一种情形，prop 用来传递一个初始值。

在这种情况下，最好定义一个本地的 data property 并将这个 prop 作为其初始值，代码如下：

```
props: ['initialCounter'],
data() {
  return {
    counter: this.initialCounter
  }
}
```

另一种情形，这个 prop 以一种原始的值传入，且需要进行转换。

在这种情况下，最好使用这个 prop 的值来定义一个“计算属性”，代码如下：

```
props: ['size'],
computed: {
```

```
  normalizedSize: function () {
    return this.size.trim().toLowerCase()
  }
}
```

12.5.10 【实战】prop 类型验证

可以为组件的 prop 指定验证要求，如数据类型、特定值等。如果有一个需求没有被满足，则 Vue.js 会在浏览器的控制台中发出警告。这在开发一个被别人使用的组件时非常有帮助。

也可以自定义验证的方式，代码如下：

```
<template>
  <div class="apple">
    <h2>title: {{ title }}</h2>
    <h2>age: {{ age }}</h2>
    <h2>isPublished: {{ isPublished }}</h2>
    <h2>publishedYears: {{ publishedYears }}</h2>
    <h2>author: {{ author }}</h2>
    <h2>children: {{ children }}</h2>
  </div>
</template>

<script lang="ts">
import { Options, Vue } from "vue-class-component";

@Options({
  props: {
    title: String,
    age: Number,
    isPublished: Boolean,
    publishedYears: Array,
    author: Object,
    children: {
      // 自定义验证函数
      validator: function(value: Array<String>) {
        // 必须有值
        console.log("value.length: " + value.length);
        return value.length > 0
```

```
      }
    }
  },
})
export default class ComponentApple extends Vue {
  title!: string;
  age!: Number;
  isPublished!: Boolean;
  publishedYears: Array<Number> = [];
  author!: Object;
  children: Array<String> = [];
}
</script>
```

在上述实例中，对 children 进行了自定义验证。只有 children 的元素个数大于 0，才能通过验证。

当 App.vue 父组件给 ComponentApple.vue 子组件传递的 children 为空数组时，代码如下：

```
<template>
  <!-- 动态赋予一个动态对象的所有 property -->
  <ComponentApple v-bind="apple" />
</template>

<script lang="ts">
import { Options, Vue } from "vue-class-component";

import ComponentApple from "./components/ComponentApple.vue";
@Options({
  components: {
    ComponentApple,
  },
})
export default class App extends Vue {
  private apple: any = {
    title: "Mac",
    age: 37,
    isPublished: true,
    publishedYears: [
      1976,
```

```
      1977,
      1983,
      1984,
      1991,
      1998,
      2000,
      2001,
      2002,
      2003,
      2005,
      2006,
      2008,
    ],
    author: {
      name: "Steve Jobs",
      birthday: "1955-2-24",
    },
    children: []
  };
}
</script>
```

此时，prop 验证失败，Vue.js 会产生一个控制台的警告，如图 12-8 所示。

图 12-8　Vue.js 会产生一个控制台的警告

这是因为 children 为空引起的警告。为了使控制台不再产生警告，修改代码如下：

```
children: ["Eve Jobs","Lisa Brennan-Jobs"]
```

此时，prop 验证成功，控制台不再产生警告，如图 12-9 所示。

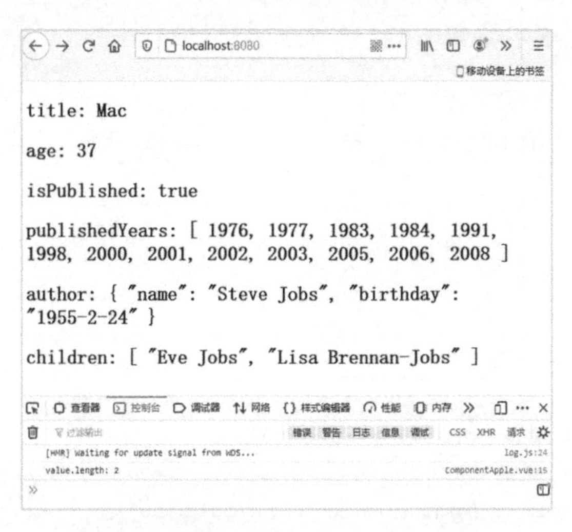

图 12-9　验证成功后控制台不再产生警告

12.6　理解非 prop 的 attribute

什么是非 prop 的 attribute？一个非 prop 的 attribute 是指在给一个组件传入信息时，但是该组件并没有使用相应 prop 或 emit 定义的 attribute。常见的实例包括 class、style 和 id 属性。

prop 适用于向一个子组件传入信息，但组件库的作者并不总能预见组件会被用于怎样的场景。因此，组件被设计为可以接受任意的 attribute，而这些 attribute 会被添加到这个组件的根元素上。

配套资源 本节实例的代码在本书配套资源的“component-attribute”目录下。

12.6.1　【实战】attribute 继承

下面来看一个 attribute 继承的实例。

ComponentApple.vue 子组件的代码如下：

```
<template>
  <input type="text" />
```

```
</template>

<script lang="ts">
import { Vue } from "vue-class-component";

export default class ComponentApple extends Vue {}
</script>
```

在上述组件模板中只有一个<input>标签，是一个简单的表单输入。该子组件在 App.vue 父组件中的使用方式如下：

```
<template>
  <ComponentApple />
</template>

<script lang="ts">
import { Options, Vue } from "vue-class-component";

import ComponentApple from "./components/ComponentApple.vue";
@Options({
  components: {
    ComponentApple,
  },
})
export default class App extends Vue {}
</script>
```

如果不在 ComponentApple.vue 子组件中指定任何的 attribute，则界面效果如图 12-10 所示。

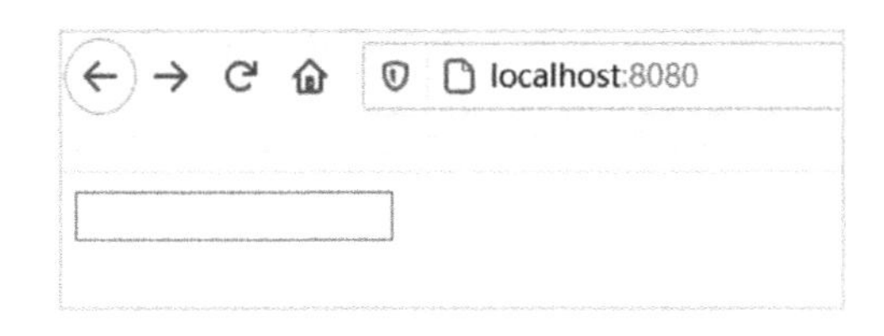

图 12-10　界面效果（8）

如果在 ComponentApple.vue 子组件中指定一个非 prop 的 attribute，如“type="radio"”，代码如下：

```
<template>
  <!-- type 是非 prop attribute -->
  <ComponentApple type="radio" />
</template>

<script lang="ts">
import { Options, Vue } from "vue-class-component";

import ComponentApple from "./components/ComponentApple.vue";
@Options({
  components: {
    ComponentApple,
  },
})
export default class App extends Vue {}
</script>
```

则 App.vue 父组件给 ComponentApple.vue 子组件传递了一个 type，而 ComponentApple.vue 子组件本身就有 type，最终的结果是 App.vue 父组件给的 type 会覆盖 ComponentApple.vue 子组件的 type。换而言之，子组件中的 attribute 继承了父组件中的 attribute。

界面效果如图 12-11 所示。

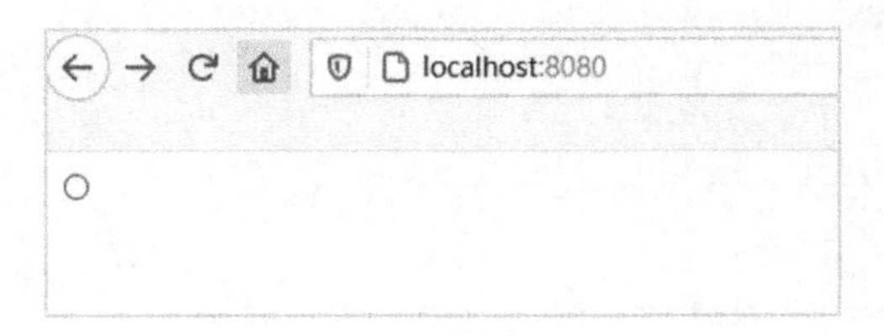

图 12-11　界面效果（9）

12.6.2 【实战】禁用 attribute 继承

从上面的实例可以知道，子组件中的 attribute 继承了父组件中的 attribute。如果不希望组件之间产生这种继承行为，则可以在子组件的选项中设置“inheritAttrs: false”，代码如下：

```
<template>
  <input type="text" />
```

```
</template>

<script lang="ts">
import { Options, Vue } from "vue-class-component";

@Options({
  // 禁用 attribute 继承
  inheritAttrs: false
})
export default class ComponentApple extends Vue {}
</script>
```

在 ComponentApple.vue 上，除<input>标签自带的 label 和 value 这些 attribute 外，其他父组件的 attribute 不会传递到子组件上。

12.6.3 【实战】多个根节点上的 attribute 继承

如果有多个根节点，则子组件上的 attribute 继承情况会怎么样呢？来做一个实验。

假设 App.vue 根组件引用了 ComponentBanana.vue 组件，代码如下：

```
<template>
  <!-- type 是非 prop attribute -->
  <ComponentBanana type="radio" />
</template>

<script lang="ts">
import { Options, Vue } from "vue-class-component";

import ComponentBanana from "./components/ComponentBanana.vue";

@Options({
  components: {
    ComponentBanana
  },
})
export default class App extends Vue {}
</script>
```

ComponentBanana.vue 子组件又引用了 ComponentBananaMijiao.vue 和 ComponentBananaPlantain.vue 两个子组件，代码如下：

```
<template>
  <ComponentBananaMijiao />
  <ComponentBananaPlantain />
</template>

<script lang="ts">
import { Options, Vue } from "vue-class-component";

import ComponentBananaMijiao from "./ComponentBananaMijiao.vue";
import ComponentBananaPlantain from "./ComponentBananaPlantain.vue";

@Options({
  components: {
    ComponentBananaMijiao,
    ComponentBananaPlantain,
  },
})
export default class ComponentBanana extends Vue {}
</script>
```

ComponentBananaMijiao.vue 子组件和 ComponentBananaPlantain.vue 子组件的代码比较简单：

```
<template>
  <input type="text" />
</template>

<script lang="ts">
import { Vue } from "vue-class-component";

export default class ComponentBananaMijiao extends Vue {}
</script>



<template>
  <input type="text" />
```

```
</template>

<script lang="ts">
import { Vue } from "vue-class-component";

export default class ComponentBananaPlantain extends Vue {}
</script>
```

与单个根节点组件不同，具有多个根节点的子组件不具有自动继承 attribute 的行为。运行应用，控制台产生警告，如图 12-12 所示。

图 12-12　控制台产生警告

为解决上述警告，在 ComponentBananaPlantain.vue 子组件上显示指定“v-bind="$attrs"”，代码如下：

```
<template>
  <ComponentBananaMijiao />
  <ComponentBananaPlantain v-bind="$attrs" />
</template>

<script lang="ts">
import { Options, Vue } from "vue-class-component";

import ComponentBananaMijiao from "./ComponentBananaMijiao.vue";
```

```
import ComponentBananaPlantain from "./ComponentBananaPlantain.vue";

@Options({
  components: {
    ComponentBananaMijiao,
    ComponentBananaPlantain,
  },
})
export default class ComponentBanana extends Vue {}
</script>
```

在上述实例中，在 ComponentBananaPlantain.vue 子组件上显示指定“v-bind="$attrs"”，这样，只有 ComponentBananaPlantain.vue 子组件会继承父组件的 attribute，界面效果如图 12-13 所示。

图 12-13　界面效果（10）

从控制台也可以看出，不再有警告信息了。

12.7　自定义事件

在前面的章节中，读者已经初步了解了 Vue.js 事件。本节将深入介绍自定义事件。

配套资源　本节实例的代码在本书配套资源的“component-custom-event”目录下。

12.7.1 如何给事件命名

不同于组件和 prop，事件名不存在任何自动化的字母大小写转换。因此，触发的事件名需要完全匹配监听这个事件所用的名称。

如果触发一个驼峰式（camelCase）名字的事件，代码如下：

```
this.$emit('myEvent')
```

则监听这个名字的短横线分隔（kebab-case）写法是不会有任何效果的，代码如下：

```
<!-- 没有效果 -->
<my-component @my-event="doSomething"></my-component>
```

这是因为，不同于组件和 prop，事件名不会被用作一个 JavaScript 变量名或 property 名。所以，就没有理由使用驼峰式（camelCase）或帕斯卡式（PascalCase）命名方法。并且，v-on 事件监听器在 DOM 模板中会被自动转换为全部小写字母（因为 HTML 是不区分字母大小写的），所以，@myEvent 会变成@myevent，导致 myEvent 不可能被监听到。

在定义事件名时，推荐使用短横线分隔的方式来命名。

12.7.2 【实战】一个自定义事件的实例

下面是一个自定义事件的实例。

HelloWorld.vue 是子组件，代码如下：

```
<template>
  <div class="hello">
    <button v-on:click="plusOne">+</button>
  </div>
</template>

<script lang="ts">
import { Vue } from "vue-class-component";

export default class HelloWorld extends Vue {
  // 定义一个组件方法
```

```
  plusOne() {
    console.log("emit event");

    // 发送自定义的事件
    this.$emit("plus-one-event");
  }
}
</script>
```

从上述代码中我们可以知道以下内容。

- 在<template>标签中定义了一个按钮，并通过 v-on 指令绑定了一个单击事件。当单击按钮时，会触发 plusOne()方法的执行。
- plusOne()方法比较简单，只是通过$emit 发送了一个自定义的“plus-one-event”事件。

如何在 App.vue 父组件中监听“plus-one-event”事件呢？App.vue 父组件的代码如下：

```
<template>
  <HelloWorld @plus-one-event="handlePlusOneEvent" />
  <div id="counter">Counter: {{ counter }}</div>
</template>

<script lang="ts">
import { Options, Vue } from "vue-class-component";
import HelloWorld from "./components/HelloWorld.vue";

@Options({
  components: {
    HelloWorld,
  },
})
export default class App extends Vue {
  private counter: number = 0;

  handlePlusOneEvent() {
    console.log("handlePlusOneEvent");

    // 计数器进行递增操作
    this.counter++;
```

```
  }
}
</script>
```

从上述代码中我们可以知道以下内容。

- 在<template>标签中引入了 HelloWorld.vue 子组件，同时通过@（等同于 v-on 指令）绑定了一个自定义的“plus-one-event”事件。
- App.vue 父组件在监听“plus-one-event”事件时，会触发 handlePlusOneEvent()方法。handlePlusOneEvent()方法会执行计数器 counter 的累加计算。

图 12-14 所示为没有单击 + 按钮前的界面效果。

图 12-14　没有单击 + 按钮前的界面效果

图 12-15 所示为单击 + 按钮后的界面效果。

图 12-15　单击 + 按钮后的界面效果

12.8 深入介绍插槽

5.2 节已经初步介绍了插槽。Vue.js 实现了一套内容分发的插槽（Slot）API，将<slot>标签作为承载分发内容的出口。

12.8.1 理解插槽内容

插槽的功能除了支持简单的符串，还可以包含任何模板代码，包括 HTML。

一个包含各种类型的插槽实例代码如下：

```
<template>
  <!--字符串-->
  <HelloWorld msg="slot-to-serve-as-distribution-outlets-for-content">
    Hello
  </HelloWorld>

  <!--HTML-->
  <HelloWorld msg="slot-to-serve-as-distribution-outlets-for-content">
    <a href="https://waylau.com"> Welcom to waylau.com</a>
  </HelloWorld>

  <!--模板-->
  <HelloWorld msg="slot-to-serve-as-distribution-outlets-for-content">
    <div id="counter">Counter: {{ counter }}</div>
  </HelloWorld>
</template>

<script lang="ts">
import { Options, Vue } from "vue-class-component";
import HelloWorld from "./components/HelloWorld.vue";

@Options({
  components: {
    HelloWorld,
  },
```

```
})
export default class App extends Vue {
  private counter: number = 0;
}
</script>
```

HelloWorld.vue 子组件的代码如下：

```
<template>
  <div class="hello">
    <h1>{{ msg }}</h1>
    <slot></slot>
  </div>
</template>

<script lang="ts">
import { Options, Vue } from "vue-class-component";

@Options({
  props: {
    msg: String,
  },
})
export default class HelloWorld extends Vue {
  msg!: string;
}
</script>
```

配套资源 本实的代码在本书配套资源的“slot-to-serve-as-distribution-outlets-for-content”目录下。

12.8.2 了解渲染作用域

渲染作用域的规则是，父级模板中的所有内容都是在父级作用域中编译的；子模板中的所有内容都是在子作用域中编译的。

因此，如果在一个插槽中使用数据，代码如下：

```
<todo-button>
  Delete a {{ item.name }}
</todo-button>
```

则该插槽可以访问与模板其余部分作用域相同的实例 property，如图 12-16 所示。

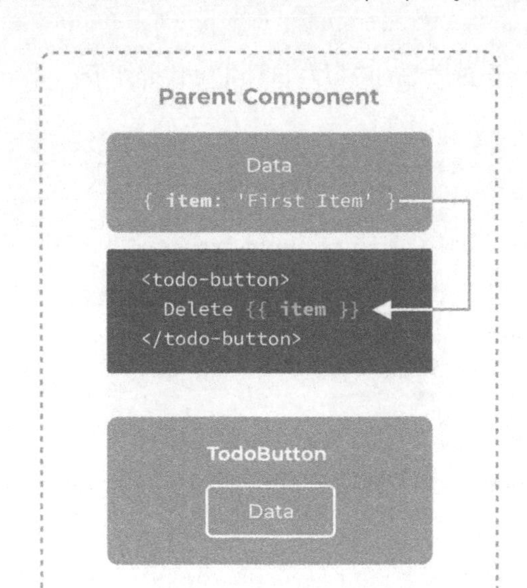

图 12-16　渲染作用域

但插槽不能访问父级<todo-button>的作用域。例如，尝试访问 action 将不起作用，代码如下：

```
<todo-button action="delete">
  Clicking here will {{ action }} an item
</todo-button>
```

12.8.3　【实战】后备内容（默认内容）的实例

假如有一个 HelloWorld.vue 子组件，代码如下：

```
<template>
  <div class="hello">
    <slot></slot>
  </div>
</template>

<script lang="ts">
import { Vue } from "vue-class-component";

export default class HelloWorld extends Vue {
```

```
}
</script>
```

在 App.vue 父组件中，设置插槽的内容为 HTML，代码如下：

```
<template>
  <!--HTML-->
  <HelloWorld>
    <a href="https://waylau.com"> Welcom to waylau.com</a>
  </HelloWorld>
</template>

<script lang="ts">
import { Options, Vue } from "vue-class-component";
import HelloWorld from "./components/HelloWorld.vue";

@Options({
  components: {
    HelloWorld,
  },
})
export default class App extends Vue {
}
</script>
```

界面效果如图 12-17 所示。

图 12-17　界面效果（11）

如果 App.vue 父组件没有设置任何的插槽内容，代码如下：

```
<template>
  <!--没有设置任何的插槽内容-->
  <HelloWorld>
  </HelloWorld>
</template>
```

```
<script lang="ts">
import { Options, Vue } from "vue-class-component";
import HelloWorld from "./components/HelloWorld.vue";

@Options({
  components: {
    HelloWorld,
  },
})
export default class App extends Vue {
}
</script>
```

则界面有可能是空白的，如图 12-18 所示。

图 12-18　界面效果（12）

因此，有时为一个插槽设置具体的后备内容（默认内容）也是很有用的，它只会在 App.vue 父组件没有提供内容时被渲染。

修改 HelloWorld.vue 子组件，设置插槽的后备内容，代码如下：

```
<template>
  <div class="hello">
    <slot>
      <!--后备内容-->
      <a href="https://waylau.com"> waylau.com</a>
    </slot>
  </div>
</template>

<script lang="ts">
import { Vue } from "vue-class-component";
```

```
export default class HelloWorld extends Vue {
}
</script>
```

这样，即便 App.vue 父组件没有提供内容，界面仍然能够显示后备的内容，如图 12-19 所示。

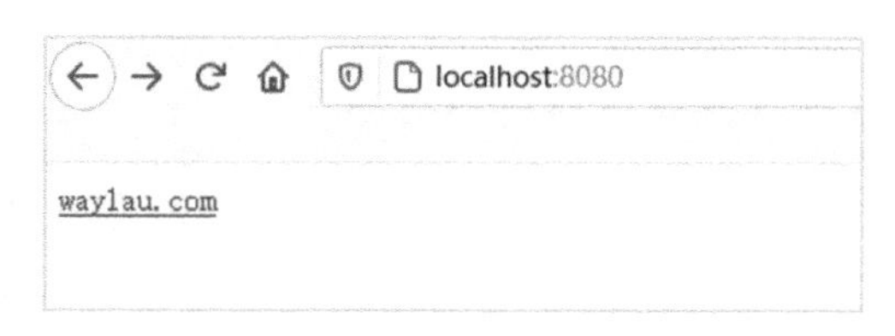

图 12-19　界面效果（13）

配套资源 本实例的代码在本书配套资源的“component-slot”目录下。

12.8.4 【实战】具名插槽（带名字的插槽）的实例

本节介绍如何在组件中采用具名插槽的方式设置多个插槽。

1. 问题

如何在组件中设置多个插槽呢？比如，ComponentBanana.vue 子组件的代码如下：

```
<template>
  <div class="banana-plantain">
    <slot> </slot>
  </div>

  <div class="banana-mijiao">
    <slot> </slot>
  </div>

  <div class="default">
    <slot></slot>
  </div>
</template>

<script lang="ts">
import { Vue } from "vue-class-component";
```

```
export default class ComponentBanana extends Vue {}
</script>
```

在 App.vue 父组件中按照以下方式引用 ComponentBanana.vue 子组件，代码如下：

```
<template>
  <ComponentBanana>
    <!--文本-->
    <div>Hello</div>

    <!--HTML-->
    <div>
      <a href="https://waylau.com"> Welcom to waylau.com</a>
    </div>

    <!--模板-->
    <div>
      <div id="counter">Counter: {{ counter }}</div>
    </div>
  </ComponentBanana>
</template>

<script lang="ts">
import { Options, Vue } from "vue-class-component";
import ComponentBanana from "./components/ComponentBanana.vue";

@Options({
  components: {
    ComponentBanana,
  },
})
export default class App extends Vue {
  private counter: number = 0;
}
</script>
```

期望的是：将本文、HTML、模板这 3 个<div>标签中的内容分别对应放入 3 个插槽位置中，那么实际上是这样的吗？运行应用，界面效果如图 12-20 所示。

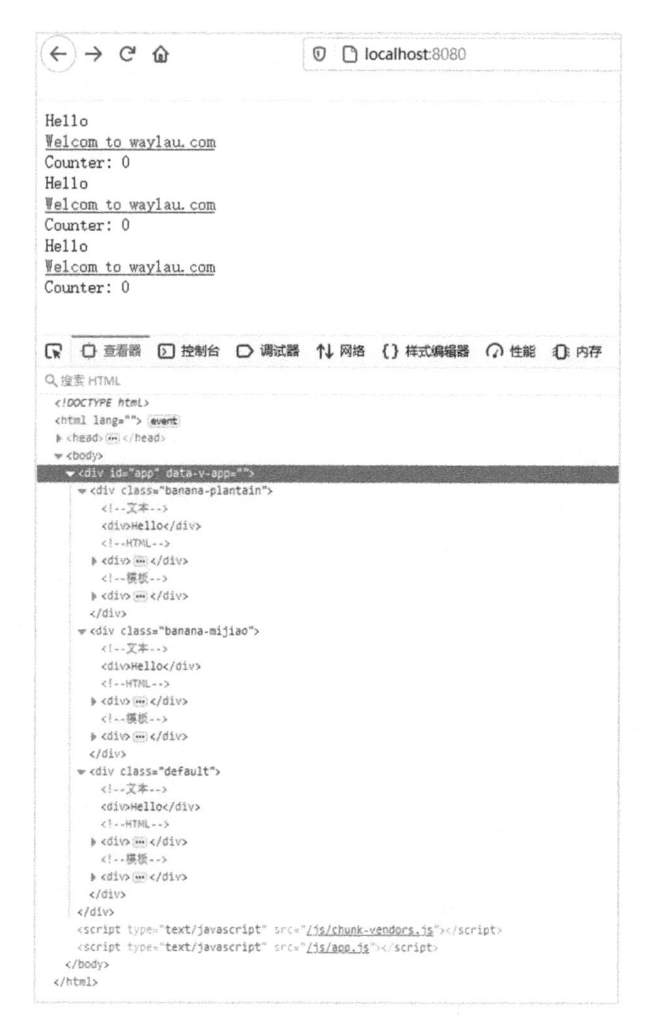

图 12-20　界面效果（14）

从图 12-20 中可以看到，实际结果并非我们所愿，而是将本文、HTML、模板这 3 个<div>标签在每个插槽中都插入一次。

2. 改进方法

那么如何改进？此时就需要具名插槽了。“具名插槽”是指带名字的插槽。给每个插槽都起一个名字，代码如下：

```
<template>
  <div class="banana-plantain">
    <slot name="banana-plantain"> </slot>
```

```
  </div>

  <div class="banana-mijiao">
    <slot name="banana-mijiao"> </slot>
  </div>

  <div class="default">
    <slot></slot>
  </div>
</template>

<script lang="ts">
import { Vue } from "vue-class-component";

export default class ComponentBanana extends Vue {}
</script>
```

在上述 3 个插槽中，前面两个插槽的名字分别是“banana-plantain”和“banana-mijiao”；第 3 个插槽没有显示名字，Vue.js 会给它起一个隐含的名字“default”。

如何使用具名插槽？可以在一个<template>标签上使用 v-slot 指令来指定所要使用的具名插槽，代码如下：

```
<template>
  <ComponentBanana>
    <!--文本-->
    <template v-slot:default>Hello</template>

    <!--HTML-->
    <template v-slot:banana-mijiao>
      <a href="https://waylau.com"> Welcom to waylau.com</a>
    </template>

    <!--模板-->
    <template v-slot:banana-plantain>
      <div id="counter">Counter: {{ counter }}</div>
    </template>
  </ComponentBanana>
</template>
```

```
<script lang="ts">
import { Options, Vue } from "vue-class-component";
import ComponentBanana from "./components/ComponentBanana.vue";

@Options({
  components: {
    ComponentBanana,
  },
})
export default class App extends Vue {
  private counter: number = 0;
}
</script>
```

界面效果如图 12-21 所示。

图 12-21　界面效果（15）

从图 12-21 中可以看到，插槽的内容都已经被插入指定插槽名称的位置。

配套资源 本实例的代码在本书配套资源的“component-slot-named”目录下。

12.8.5　了解具名插槽的缩写

与 v-on 指令和 v-bind 指令一样，v-slot 指令也有缩写，即把“v-slot:”替换为字符“#”，代码如下：

```
<template>
  <ComponentBanana>
    <!--文本-->
    <template v-slot:default>Hello</template>

    <!--HTML-->
    <template v-slot:banana-mijiao>
      <a href="https://waylau.com"> Welcom to waylau.com</a>
    </template>

    <!--模板-->
    <template v-slot:banana-plantain>
      <div id="counter">Counter: {{ counter }}</div>
    </template>
  </ComponentBanana>
</template>
```

采用缩写的方式，代码如下：

```
<template>
  <ComponentBanana>
    <!--文本-->
    <template #default>Hello</template>

    <!--HTML-->
    <template #banana-mijiao>
      <a href="https://waylau.com"> Welcom to waylau.com</a>
    </template>

    <!--模板-->
    <template #banana-plantain>
      <div id="counter">Counter: {{ counter }}</div>
    </template>
  </ComponentBanana>
</template>
```

12.9 理解“依赖注入”

如果用户具有 Java 开发经验，则对“依赖注入”并不陌生。

在 Java 应用中，不管是受限的嵌入式应用，还是多层架构的服务端企业级应用，它们通常由来自应用适当的对象进行组合合作。即对象在应用中通过彼此依赖来实现功能。

虽然 Java 平台提供了丰富的应用开发功能，但它缺乏将基本的构建块整合成为一个完整系统的方法。那么，组织系统这个任务最后只能留给架构师和开发者。开发者可以使用各种设计模式（如 Factory、Abstract Factory、Builder、Decorator 和 Service Locator）来组合各种类和对象实例构成应用。虽然这些模式给出了什么样的模式能解决什么问题，但使用模式有一个最大的障碍是，除非开发者也有非常丰富的经验，否则无法在应用中正确地使用它。这就给 Java 开发者带来了一定的技术门槛，特别是那些初级开发者。

Java 中的 Spring 框架提供的 IOC（Inversion of Control，控制反转）组件，就能够通过提供正规化的方法来组合不同的组件，使之成为一个完整的可用的应用。有关 Spring 框架方面的内容，可以参阅《Spring 5 开发大全》。

针对 Vue.js 也是如此，如果需要将数据从父组件传递到子组件，则可以使用 prop。想象一下这样的结构，假设有一些深嵌套的组件，而只需要来自深嵌套子组件中父组件的某些内容。在这种情况下，用户仍然需要将 prop 传递到整个组件链中。因此，Vue.js 提供了 provide 和 inject 来实现“依赖注入”。

12.9.1 “依赖注入”的优点

Spring 框架将规范化的设计模式作为一级的对象，这样方便开发者将其集成到自己的应用，这也是很多开发者选择使用 Spring 框架来开发、健壮、维护应用的原因。开发者无须手动处理对象的依赖关系，而是交给 Spring 容器去管理，这就能极大地提升开发体验。

在 Vue.js 应用中，用户可以使用 provide 和 inject，如图 12-22 所示。父组件可以作为其所有子组件的依赖项提供程序，而不管组件层次结构有多深。这个特性由两部分组成，父组件通过一个 provide 选项来提供数据；子组件通过一个 inject 选项来使用这个数据。

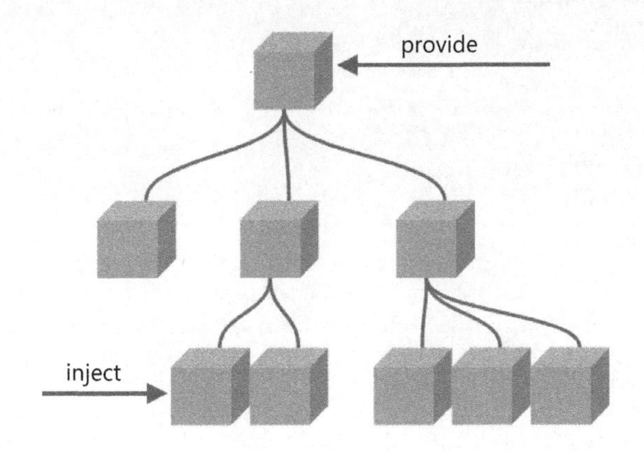

图 12-22 provide 和 inject

这就使得我们能够更安全地继续开发 Vue.js 组件，而不必担心可能会更改/删除子组件所依赖的某些内容。这些组件之间的接口仍然是明确定义的，就像 prop 一样。实际上，可以将“依赖注入”看作“广义上的 prop”，并具有如下优点。

- 父组件不需要知道哪些子组件使用它提供的 property。
- 子组件不需要知道 inject property 来自哪里。

12.9.2 【实战】“依赖注入”的实例

正如前文所述，Vue.js 中的“依赖注入”是父组件通过 provide 选项来提供数据的，而子组件通过一个 inject 选项来使用这个数据。一个使用 provide 的实例代码如下：

```
<template>
  <ComponentBanana> </ComponentBanana>
</template>

<script lang="ts">
import { Options, Vue } from "vue-class-component";
import ComponentBanana from "./components/ComponentBanana.vue";
import { provide } from "vue"; // 引入 provide
@Options({
  components: {
    ComponentBanana,
  },
```

```
})
export default class App extends Vue {

    // 在 created 生命周期中，执行 provide()方法
  created() {
    provide("user", "Way Lau");
    provide("location", "China");
    provide("geolocation", {
      longitude: 90,
      latitude: 135,
    });

    console.log("App created");
  }
}
</script>
```

从上述代码中我们可以知道以下内容。

- 在 created 生命周期中，执行 provide()方法。
- 在 provide()方法中，第 1 个参数为 key，第 2 个参数为值。

一个使用 inject 对的实例代码如下：

```
<template>
<div>
</div>
</template>

<script lang="ts">
import { Vue } from "vue-class-component";

import { inject } from "vue";


export default class ComponentBanana extends Vue {
  created() {
    const user = inject("user");                  // 注入 property
    console.log("Injected user:" + user);
```

```
    const location = inject("location");         // 注入 property
    console.log("Injected location:" + location);

    const geolocation = inject("geolocation");  // 注入 property
    console.log("Injected geolocation:" + geolocation);
  }}
</script>
```

从上述代码中我们可以知道以下内容。

- 在 created 生命周期中，执行 inject()方法。
- inject()方法中的参数对应的是 provide()方法中的第 1 个参数 key。

控制台效果如图 12-23 所示。

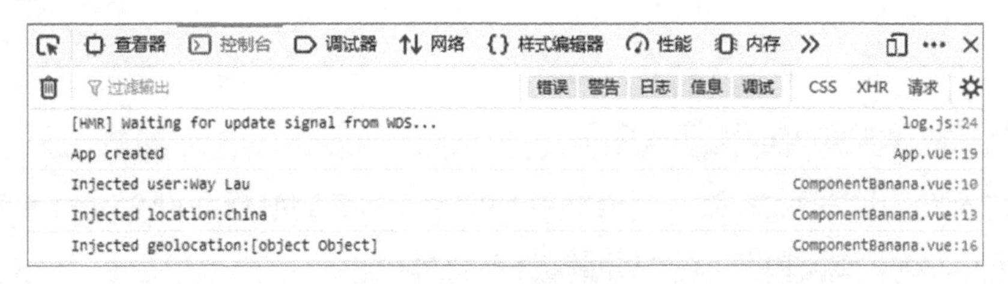

图 12-23　控制台效果

从图 12-23 中可以看出，ComponentBanana.vue 子组件已经能成功获取 App.vue 父组件所提供的内容。

如果想要将 ComponentBanana.vue 子组件中 inject 的内容显示到模板上，则修改代码如下：

```
<template>
  <div>user: {{ user }}</div>
  <div>location: {{ location }}</div>
  <div>geolocation: {{ geolocation }}</div>
</template>

<script lang="ts">
import { Options, Vue } from "vue-class-component";

import { inject } from "vue";

@Options({
  inject:['user','location','geolocation']
```

```
})
export default class ComponentBanana extends Vue {
  created() {
    const user = inject("user");                // 注入 property
    console.log("Injected user:" + user);

    const location = inject("location");        // 注入 property
    console.log("Injected location:" + location);

    const geolocation = inject("geolocation");  // 注入 property
    console.log("Injected geolocation:" + geolocation);

    return { user, location, geolocation };
  }
}
</script>
```

从上述代码中我们可以知道以下内容。

- 使用 created()方法在获取 inject()方法的内容后，需要在执行 return 语句时返回。
- 在@Options 注解中声明 inject 所要注入的 property。
- 在模板中绑定注入的返回值。

界面效果如图 12-24 所示。

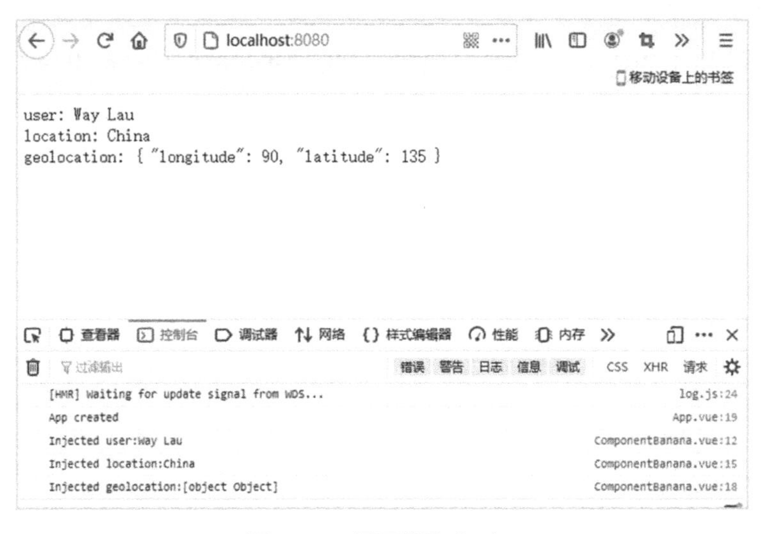

图 12-24　界面效果（16）

配套资源 本实例的代码在本书配套资源的“component-provide-inject”目录下。

12.10 【实战】异步组件的实例

在大型应用中，应用会被分割成若干个代码块。这些代码块并不需要在应用初始时加载，而是根据需要在使用时才从服务器加载，这种“懒加载”的方式可以最大化减少应用初始化加载的时间。在 Vue.js 中，这种通过“懒加载”方式加载的组件被称为异步组件。

在 Vue.js 3 中，异步组件需要通过将其包装在新的 defineAsyncComponent()方法中显式定义。如下面的实例：

```
<template>
  <AsyncPage></AsyncPage>
  <AsyncPageWithOptions></AsyncPageWithOptions>
</template>

<script lang="ts">
import { Options, Vue } from "vue-class-component";
import { defineAsyncComponent } from "vue";

// 不带选项的异步组件
const AsyncPage = defineAsyncComponent(
  () => import("./components/ComponentApple.vue")
);

// 带选项的异步组件
const AsyncPageWithOptions = defineAsyncComponent({
  loader: () =>import("./components/ComponentBanana.vue"),
  delay: 3000,
  timeout: 3000,
});

@Options({
  components: {
    AsyncPage,
    AsyncPageWithOptions,
  },
```

```
})
export default class App extends Vue {}
</script>
```

在上述代码中，通过 defineAsyncComponent() 方法定义了 AsyncPage 和 AsyncPageWithOptions 两个异步组件。其中，AsyncPage 是不带选项的异步组件，而 AsyncPageWithOptions 是带选项的异步组件。

配套资源 本实例的代码在本书配套资源的“component-async”目录下。

第 13 章 深入样式

第 8 章已经对 Vue.js 的样式进行了基本的讲解。本章再深入介绍 Vue.js 的样式，重点介绍过渡与动画。

13.1 过渡与动画的概述

在原生的网页技术中，CSS 3 本身就支持非常多的样式效果，如圆角、阴影、渐变（gradient）、过渡（transition）与动画（animation），以及新的布局方式，如 multi-columns、flexible box 与 grid layout 等。本节重点介绍过渡与动画的样式。

13.1.1 理解过渡与动画

在 CSS 3 中，过渡是指从一种样式转变到另一个样式的某种效果。

在 CSS 3 中，通过设置 transition、transition-delay、transition-duration、transition-property 和 transition-timing-function 等属性支持定义两个属性值之间的过渡效果。

一个过渡的实例代码如下：

```
.box {
    border-style: solid;
    border-width: 1px;
    display: block;
```

```
    width: 100px;
    height: 100px;
    background-color: #0000FF;
    -webkit-transition:width 2s, height 2s,
        background-color 2s, -webkit-transform 2s;
    transition:width 2s, height 2s, background-color 2s, transform 2s;
}
.box:hover {
    background-color: #FFCCCC;
    width:200px;
    height:200px;
    -webkit-transform:rotate(180deg);
    transform:rotate(180deg);
}
```

方块初始状态效果如图 13-1 所示。

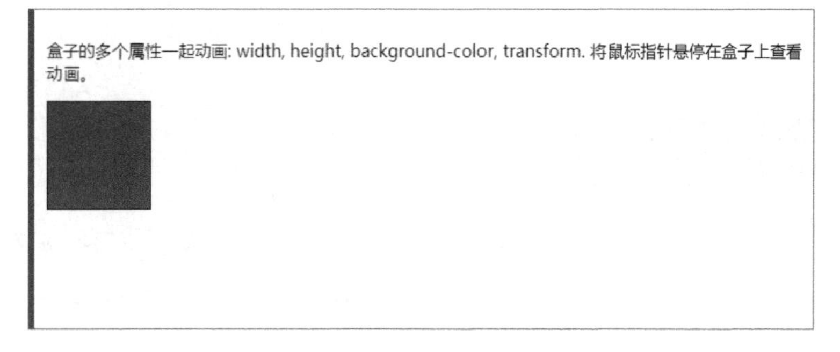

图 13-1　方块初始状态效果

当鼠标指针移到上面的方块时，就会触发过渡效果，如图 13-2 所示。

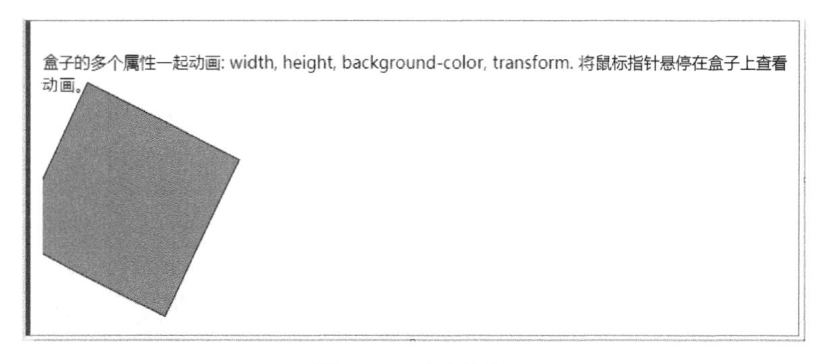

图 13-2　过渡效果

使用 CSS 3 可以创建动画，它可以取代许多网页动画图像、Flash 动画和 JavaScript 实现的效果。动画属性有 animation-name、animation-duration、animation-timing-function、animation-delay、animation-iteration-count、animation-direction、animation-fill-mode 和 animation-play-state。

一个动画的实例代码如下：

```
animation: 4s linear infinite running slidein;
```

在上述实例中，动画会持续 4s，不断从左侧（见图 13-3）移动到右侧（见图 13-4）。

图 13-3　初始在左侧

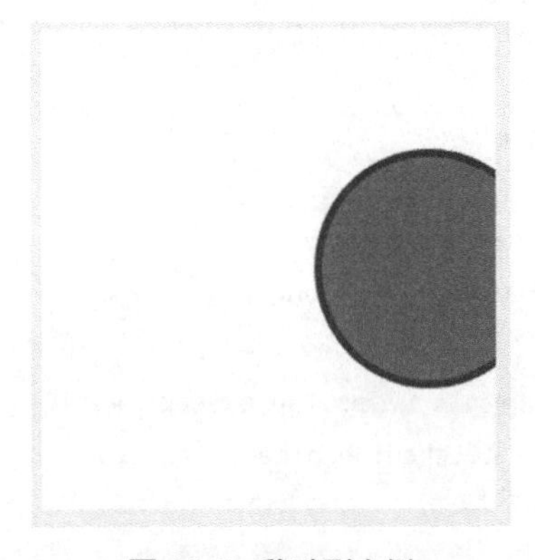

图 13-4　移动到右侧

Vue.js 提供了一些抽象概念，可以帮助处理过渡和动画，特别是在响应某些变化时。这些抽象的概念包括：

- 在 CSS 和 JS 中，使用内置的<transition>标签来钩住组件进入和离开 DOM。
- 过渡模式可以实现在过渡期间的编排顺序。
- 在处理多个元素位置更新时，使用<transition-group>标签，通过 FLIP 技术提高性能。
- 使用 watchers 处理应用中不同状态的过渡。

除上述所提供的这些实用的 API，Vue.js 中的 class 和 style 声明也可以应用于动画和过渡。

13.1.2　【实战】基于 class 的动画

尽管<transition>标签对于组件的进入和离开非常有用，但也可以通过添加一个条件 class 来激活动画，而无须挂载组件。

一个基于 class 动画的实例代码如下：

```
<template>
  <div>
    单击按钮<br />

    <div :class="{ shake: clicked }">
      <button @click="clicked = true">单击</button>
      <span v-if="clicked">被单击了!</span>
    </div>
  </div>
</template>

<script lang="ts">
import { Vue } from "vue-class-component";

export default class App extends Vue {
  private clicked: boolean = false;
}
</script>
<style>
button {
  background: #d93419;
  border-radius: 4px;
  display: inline-block;
  border: none;
  padding: 0.75rem 1rem;
  margin: 20px 10px 0 0;
  text-decoration: none;
  color: #ffffff;
  font-family: sans-serif;
  font-size: 1rem;
  cursor: pointer;
  text-align: center;
  -webkit-appearance: none;
  -moz-appearance: none;
}
```

```
button:focus {
  outline: 1px dashed #fff;
  outline-offset: -3px;
}

.shake {
  animation: shake 0.82s cubic-bezier(0.36, 0.07, 0.19, 0.97) both;
  transform: translate3d(0, 0, 0);
  backface-visibility: hidden;
  perspective: 1000px;
}

@keyframes shake {
  10%,
  90% {
    transform: translate3d(-1px, 0, 0);
  }

  20%,
  80% {
    transform: translate3d(2px, 0, 0);
  }

  30%,
  50%,
  70% {
    transform: translate3d(-4px, 0, 0);
  }

  40%,
  60% {
    transform: translate3d(4px, 0, 0);
  }
}
</style>
```

从上述代码中我们可以知道以下内容。

- 样式是定义在<style>标签中的。其中，定义了 shake 动画效果。
- 基于“:class”声明了样式的 shake 是否启用。
- 当 clicked 的值为 true 时，则会使用 shake 样式。

图 13-5 所示为单击按钮前的初始状态效果。clicked 的初始值变为 false，因此 shake 样式未生效。

单击按钮后会使 clicked 的值变为 true，从而使 shake 样式生效。图 13-6 所示为单击按钮后的状态效果。

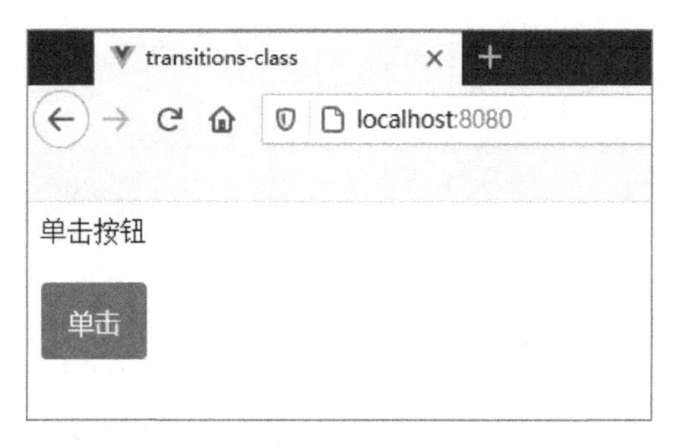

图 13-5 单击按钮前的初始状态效果

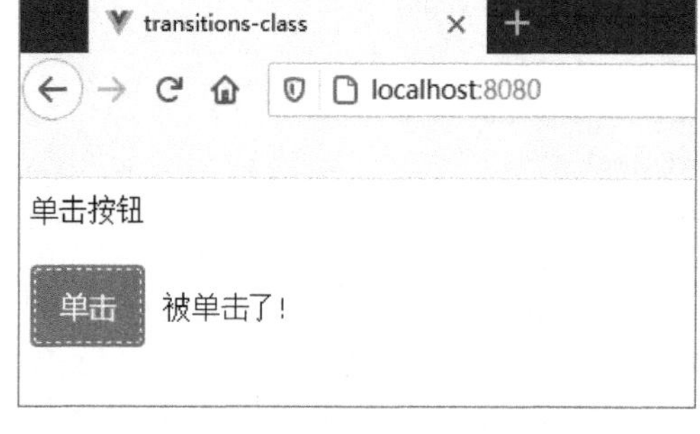

图 13-6 单击按钮后的状态效果

配套资源 本实例的代码在本书配套资源的“transitions-class”目录下。

13.1.3 【实战】与 style 绑定的过渡

一些过渡效果可以通过插值的方式来实现。例如，在发生交互时将样式绑定到元素上。

一个与 style 绑定的过渡的实例代码如下：

```
<template>
  <div>
    <div
      @mousemove="xCoordinate"
      :style="{ backgroundColor: `hsl(${x}, 80%, 50%)` }"
      class="movearea"
    >
      <h3>移动鼠标</h3>
      <p>坐标 x: {{ x }}</p>
    </div>
```

```
  </div>
</template>

<script lang="ts">
import { Vue } from "vue-class-component";

export default class App extends Vue {
  private x: number = 0;

  xCoordinate(e: any) {
    this.x = e.clientX;
  }
}
</script>
<style>
.movearea {
  position: absolute;
  top: 0;
  left: 0;
  width: 100vw;
  height: 100vh;
  padding: 6vmin;
  transition: 0.2s background-color ease;
}
</style>
```

从上述实例中我们可以知道以下内容。

- 样式是定义在<style>标签中的。其中，定义了 movearea 移动区域内的样式效果。
- 基于“:style”声明了 backgroundColor 样式属性。其中，样式属性绑定了 x 变量。
- 绑定了鼠标移动事件 mousemove，当移动鼠标指针时，坐标 x 值会发生变化，从而导致 backgroundColor 样式属性发生变化。

图 13-7 所示为鼠标指针初始状态效果。

图 13-8 所示为移动鼠标指针后的状态效果。

配套资源 本实例的代码在本书配套资源的“transitions-style”目录下。

图 13-7　鼠标指针初始效果

图 13-8　移动鼠标指针后的状态效果

13.2　考虑性能

在 13.1 节的实例中，读者可能已经注意到，在显示的动画上使用了 transform，并应用了诸如 perspective 之类的 property。为什么它们使用这种方式构建而不是仅使用 margin 和 top 呢?

答案是为了性能。为了能够在网络上创建极其流畅的动画，应尽可能地对元素进行硬件加速，避免使用会触发重新绘制的 property。

13.2.1　避免触发重绘

transform 和 opacity 这两个 property 在动画时不会触发重绘，以提升性能。可以通过一些工具来检查哪些 property 会在动画时触发重绘。例如，在 CSS Triggers 工具中查看 transform 的相关内容时，将看到如图 13-9 所示的内容。

> 更改 transform 不会触发任何几何形状的更改或绘制，这意味着该操作很可能在 GPU 的帮助下由合成器线程执行。

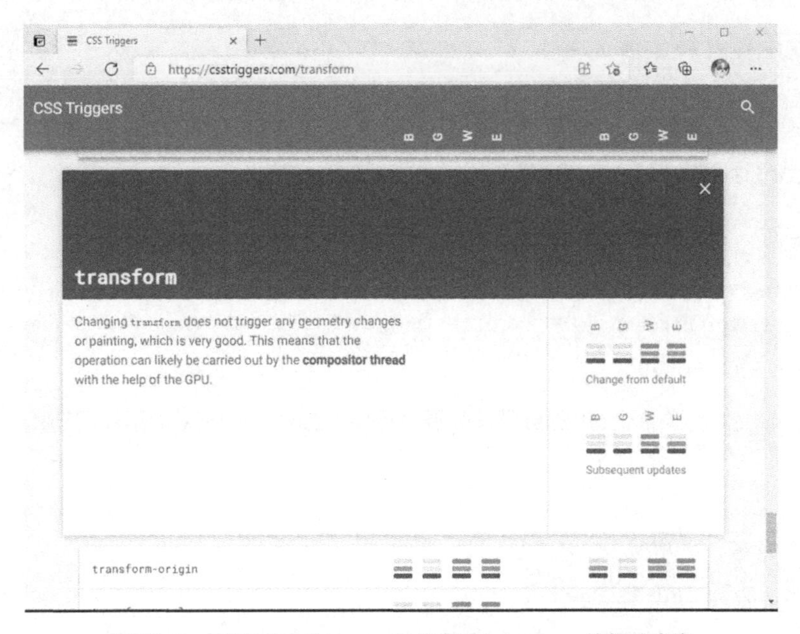

图 13-9　使用 CSS Triggers 工具查看 transform 的相关内容

opacity 的行为与 transform 的行为类似，如图 13-10 所示。因此，它们是在 Web 上进行元素移动的理想选择。

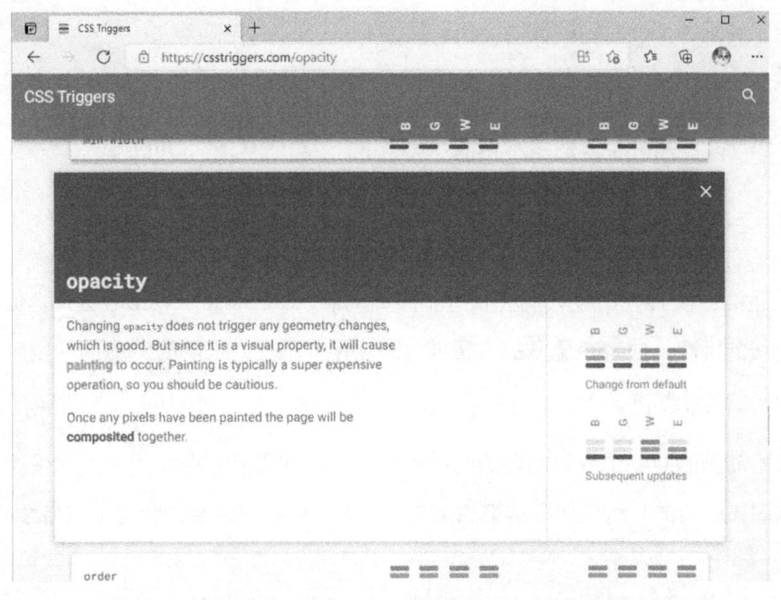

图 13-10　使用 CSS Triggers 工具查看 opacity 的相关内容

13.2.2 利用硬件加速

有些 property 会直接告诉浏览器需要硬件加速，如 perspective、backface-visibility 和 transform:translateZ(x)等，这样就能利用硬件加速提升性能。

如果想要对一个元素进行硬件加速，则可以应用以下任何一个 property：

```
perspective: 1000px;
backface-visibility: hidden;
transform: translateZ(0);
```

像 GreenSock 这样的 JS 库都会默认需要进行硬件加速，并在默认情况下应用，所以不需要手动设置它们。

13.3 持续时间（timing）

对于简单的 UI 过渡来说，从一个状态到另一个状态，通常需要设置一个持续时间（timing）。

13.3.1 理解 timing

前文介绍了动画的持续时间的实例，代码如下：

```
animation: 4s linear infinite running slidein;
```

在上述实例中，元素从左侧移动到右侧会持续 4s，这个 4s 就是 timing。

13.3.2 持续时间的使用原则

持续时间通常是 0.1s～0.4s，虽然在大多数情况下，0.25s 是一个最佳选择，但是，有一些元素需要移动更长的距离，或者有更多的步骤或状态变化。因此，在实际的应用中用户要根据实际情况设置符合自己的持续时间。

有时，起始动画的时间比结束动画的时间稍长一些，效果看起来会更好。这是因为，用户通常是在动画开始时被引导的，而在动画结束时失去了耐心，所以，希望动画结束时持续的时间短一点。

13.4　缓慢的运动（easing）

前文已经介绍了 easing 的实例，代码如下：

```
<style>
.movearea {
  position: absolute;
  top: 0;
  left: 0;
  width: 100vw;
  height: 100vh;
  padding: 6vmin;
  transition: 0.2s background-color ease;
}
</style>
```

easing 是在动画中表达深度的一个重要方式。easing 的中文意思是缓慢的运动（也可以称为缓动）。

13.4.1　理解缓慢的运动

在自然界中，没有东西是从一个点线性地移动到另一个点的。在现实中，事物在运动时可能加速或减速。我们习惯于期待这种运动，因此在做动画时，应利用此规律。自然的运动会让用户对应用感觉更舒服，从而产生更好的体验效果。

缓慢的运动会让动画看起来更加自然、真实。缓慢的运动分为以下两类。

- ease-in（缓入）：缓慢开始然后加速。
- ease-out（缓出）：开始很快然后减速。

13.4.2　【实战】缓慢的运动的实例

下面实例分别设置了缓入和缓出的时间：

```
/* 缓入 */
transition: background 0.25s ease-in;
```

```
/* 缓出 */
transition: background 0.35s ease-out;
```

如果不指定-in 和-out，仅设置 ease，则说明缓入和缓出的时间相同。比如，下面的实例：

```
/* 缓入和缓出的时间都是 0.2s */
transition: 0.2s background-color ease;
```

13.5 过渡

前文已经初步介绍了过渡的用法，本节将继续详细介绍过渡。

从 DOM 中插入、更新或移除项时，Vue.js 提供了以下多种应用转换效果的方法。

- 自动为 CSS 转换和动画应用 class。
- 集成第三方 CSS 动画库，如 animate.css。
- 在过渡钩子期间使用 JavaScript 直接操作 DOM。
- 集成第三方 JavaScript 动画库。

13.5.1 理解过渡

Vue.js 提供了 transition 的封装组件，在下列情形中，可以给任何元素和组件添加“进入/离开过渡”。

- 条件渲染（使用 v-if 指令）。
- 条件展示（使用 v-show 指令）。
- 动态组件。
- 组件根节点。

下面基于“13.1.2 【实战】 基于 class 的动画”介绍过渡实例：

```
<template>
  <div>
    单击按钮<br />

    <div :class="{ shake: clicked }">
      <button @click="clicked = true">单击</button>
```

```
      <span v-if="clicked">被单击了!</span>
    </div>
  </div>
</template>

<script lang="ts">
import { Vue } from "vue-class-component";

export default class App extends Vue {
  private clicked: boolean = false;
}
</script>
<style>
button {
  background: #d93419;
  border-radius: 4px;
  display: inline-block;
  border: none;
  padding: 0.75rem 1rem;
  margin: 20px 10px 0 0;
  text-decoration: none;
  color: #ffffff;
  font-family: sans-serif;
  font-size: 1rem;
  cursor: pointer;
  text-align: center;
  -webkit-appearance: none;
  -moz-appearance: none;
}

button:focus {
  outline: 1px dashed #fff;
  outline-offset: -3px;
}

.shake {
  animation: shake 0.82s cubic-bezier(0.36, 0.07, 0.19, 0.97) both;
```

```
  transform: translate3d(0, 0, 0);
  backface-visibility: hidden;
  perspective: 1000px;
}

@keyframes shake {
  10%,
  90% {
    transform: translate3d(-1px, 0, 0);
  }

  20%,
  80% {
    transform: translate3d(2px, 0, 0);
  }

  30%,
  50%,
  70% {
    transform: translate3d(-4px, 0, 0);
  }

  40%,
  60% {
    transform: translate3d(4px, 0, 0);
  }
}
</style>
```

当插入或删除包含在 transition 组件中的元素时，Vue.js 会进行以下处理。

- 自动嗅探目标元素是否应用了 CSS 过渡/动画，如果是，则在恰当的时机添加/删除 CSS 类名。
- 如果过渡组件提供了 JavaScript 钩子函数，则这些钩子函数将在恰当的时机被调用。
- 如果没有找到 JavaScript 钩子函数，也没有检测到 CSS 过渡/动画，则 DOM 操作（插入/删除）在下一帧中立即执行。

13.5.2 过渡 class

在进入/离开（Enter/Leave）的过渡中会有 6 个 class 进行切换，如图 13-11 所示。

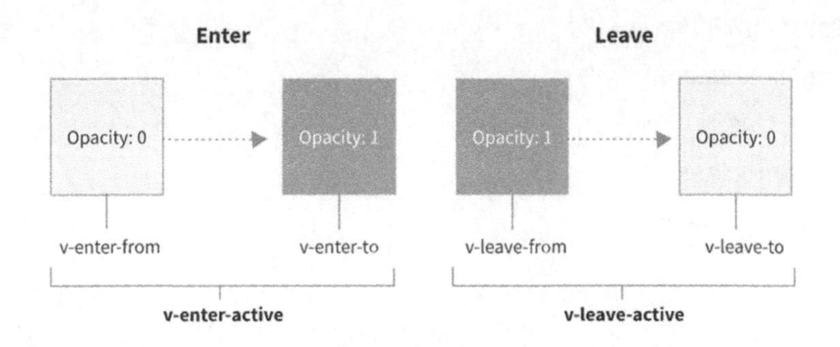

图 13-11 过渡 class 的切换

其中，

- v-enter-from：定义进入过渡的开始状态。在插入元素之前生效，在插入元素后删除下一帧。
- v-enter-active：定义进入过渡生效时的状态。在整个进入过渡的阶段中应用，在插入元素之前生效，在过渡/动画完成后删除。这个类可以用来定义进入过渡的过程时间、延迟和曲线函数。
- v-enter-to：定义进入过渡的结束状态。在插入元素后下一帧生效（与此同时删除 v-enter-from），在过渡/动画完成后删除。
- v-leave-from：定义离开过渡的开始状态。在离开过渡被触发时立刻生效，删除下一帧。
- v-leave-active：定义离开过渡生效时的状态。在整个离开过渡的阶段中应用，在离开过渡被触发时立刻生效，在过渡/动画完成后删除。这个类可以用来定义离开过渡的过程时间、延迟和曲线函数。
- v-leave-to：离开过渡的结束状态。在离开过渡被触发后下一帧生效（与此同时删除 v-leave-from），在过渡/动画完成后删除。

对于这些在过渡中切换的类名来说，如果使用了一个没有名字的<transition>，则 v-是这些 class 名的默认前缀。如果使用了<transition name="my-transition">，则 v-enter-from 会替换为 my-transition-enter-from。

v-enter-active 和 v-leave-active 可以控制进入/离开过渡的不同的缓和曲线。

13.5.3 【实战】自定义过渡 class

可以通过以下 attribute 自定义过渡类名。

- enter-from-class。
- enter-active-class。
- enter-to-class。
- leave-from-class。
- leave-active-class。
- leave-to-class。

它们的优先级高于普通的类名，这对 Vue.js 的过渡系统和其他第三方 CSS 动画库（如 Animate.css）结合使用十分有用。比如，下面的实例：

```
<template>
<link
  href="https://cdnjs.cloudflare.com/ajax/libs/animate.css/4.1.1/animate.min.css"
  rel="stylesheet"
  type="text/css"
/>
<div>
  <button @click="show = !show">
    单击切换
  </button>

  <transition
    name="custom-classes-transition"
    enter-active-class="animate__animated animate__tada"
    leave-active-class="animate__animated animate__bounceOutRight"
  >
    <p v-if="show">我显示出来了</p>
  </transition>
</div>
</template>

<script lang="ts">
import { Vue } from "vue-class-component";
```

```
export default class App extends Vue {
  private show: boolean = true;
}
</script>
```

从上述代码中我们可以知道以下内容

- 通过<link>引入一个外部的 CSS 样式文件。为了加快访问速度，也可以将上述 Animate.css 的<link>改为国内的 CDN 地址。
- 通过定义<transition>中的 enter-active-class 和 leave-active-class 来实现自定义过渡 class。

界面效果如图 13-12 所示。

图 13-12　界面效果（1）

配套资源 本实例的代码在本书配套资源的"transitions-custom-class"目录下。

13.5.4　同时使用过渡和动画

Vue.js 为了知道过渡的完成，必须设置相应的事件监听器。它可以是 transitionend 事件或 animationend 事件，这取决于元素应用的 CSS 规则。如果使用其中任何一种，则 Vue.js 能自动识别类型并设置监听。

在一些场景中，需要给同一个元素同时设置两种过渡效果，如 animation 很快被触发并完成了，而 transition 效果还没结束。在这种情况下，就需要使用 type attribute 并设置 animation 或 transition 来明确声明用户需要 Vue.js 监听的类型。

13.5.5　显性的过渡持续时间

在很多情况下，Vue.js 可以自动得出过渡效果的完成时机。在默认情况下，Vue.js 会等待其在过渡效果的根元素的第 1 个 transitionend 事件或 animationend 事件。然而也可以不必如此，比如，可以拥有一个精心编排的一系列过渡效果，其中，一些嵌套的内部元素与过渡效果的根元素相比有延迟或更长的过渡效果。

在这种情况下，可以使用<transition>标签中的 duration prop 定制一个显性的过渡持续时间（以毫秒计）：

```
<transition :duration="1000">...</transition>
```

也可以定制进入和移出的持续时间：

```
<transition :duration="{ enter: 500, leave: 800 }">...</transition>
```

13.6 列表过渡

前文已经介绍了单个节点的过渡，本节介绍列表过渡。

13.6.1 理解列表过渡

如何同时渲染整个列表的样式呢？在这种场景中，可以使用<transition-group>标签，<transition-group>标签具有以下几个特点。

- 不同于<transition>标签，<transition-group>标签会以一个真实元素进行渲染，默认为一个<span>标签。也可以通过 tag attribute 更换为其他元素。
- 过渡模式不可用，因为不再相互切换特有的元素。
- 内部元素总是需要提供唯一的 key attribute 值。
- CSS 过渡的类会应用在内部的元素中，而不是这个组件/容器本身。

13.6.2 【实战】列表过渡的实例

一个列表过渡的实例代码如下：

```
<template>
  <div id="list-demo">
    <button @click="add">添加</button>
    <button @click="remove">移除</button>
    <transition-group name="list" tag="p">
      <span v-for="item in items" :key="item" class="list-item">
        {{ item }}
```

```
      </span>
    </transition-group>
  </div>
</template>

<script lang="ts">
import { Vue } from "vue-class-component";

export default class App extends Vue {
  private items: any = [1, 2, 3, 4, 5, 6, 7, 8, 9];
  private nextNum: number = 10;

  randomIndex() {
    return Math.floor(Math.random() * this.items.length);
  }
  add() {
    this.items.splice(this.randomIndex(), 0, this.nextNum++);
  }
  remove() {
    this.items.splice(this.randomIndex(), 1);
  }
}
</script>
<style>
.list-item {
  display: inline-block;
  margin-right: 10px;
}
.list-enter-active,
.list-leave-active {
  transition: all 1s ease;
}
.list-enter-from,
.list-leave-to {
  opacity: 0;
  transform: translateY(30px);
}
</style>
```

界面效果如图 13-13 所示。

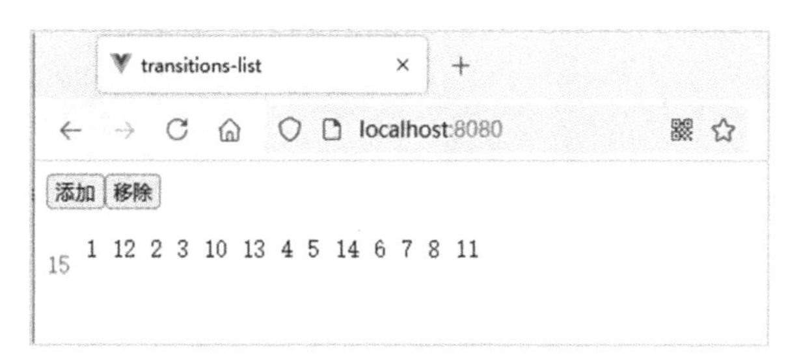

图 13-13　界面效果（2）

在上述实例中，无论添加、移除元素多少次，它们的过渡效果都是相同的。

配套资源 本实例的代码在本书配套资源的“transitions-list”目录下。

第 14 章 组件的复用与组合

本章主要介绍 Vue.js 组件复用与组合的常用技巧，包括混入、自定义指令及传入。

14.1 理解混入

混入（mixins）提供了一种非常灵活的方式来分发 Vue.js 组件中的复用功能。

配套资源 本节实例的代码在本书配套资源的“mixins-basic”目录下。

14.1.1 【实战】基本的混入实例

一个混入对象可以包含任意组件选项。当组件使用混入对象时，所有混入对象的选项将被混合进入该组件本身的选项。

观察下面两个类的代码。

HelloWorld.ts 提供了 sayHi()方法，代码如下：

```
import { Vue } from "vue-class-component";

export default class HelloWorld extends Vue {
  sayHi() {
    console.log("Hello World!");
```

```
  }
}
```

而 GoodBye.ts 则提供了 sayBye()方法，代码如下：

```
import { Vue } from "vue-class-component";

export default class GoodBye extends Vue {
  sayBye() {
    console.log("Good Bye!");
  }
}
```

为了使 App.vue 组件同时具有 sayHi()方法和 sayBye()方法的功能，则可以使用混入，代码如下：

```
<template>
  <div></div>
</template>

<script lang="ts">
import Goodbye from "./GoodBye";
import HelloWorld from "./HelloWorld";

import { mixins } from "vue-class-component";

export default class App extends mixins(HelloWorld, Goodbye) {
  created() {
    console.log("before created!");
    // App.vue 组件同时具有 sayHi()方法和 sayBye()方法的功能
    this.sayHi();
    this.sayBye();
    console.log("end created!");
  }
}
</script>
```

在上述代码中，通过 mixins()函数对 HelloWorld.ts 和 Goodbye.ts 进行了混入，从而使 App.vue 组件同时具有 sayHi()方法和 sayBye()方法的功能。

运行上述应用，控制台输出内容如图 14-1 所示。

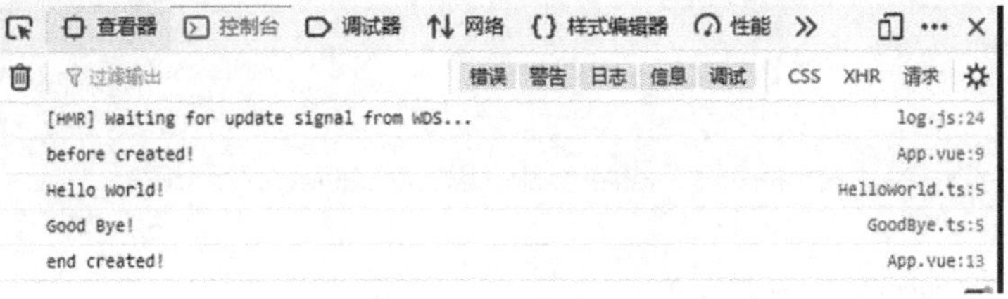

查看器 控制台 调试器 网络 样式编辑器 性能
过滤输出 错误 警告 日志 信息 调试 CSS XHR 请求
[HMR] Waiting for update signal from WDS... log.js:24
before created! App.vue:9
Hello World! HelloWorld.ts:5
Good Bye! GoodBye.ts:5
end created! App.vue:13

图 14-1 控制台输出内容（1）

14.1.2 【实战】混入时的选项合并

当组件和混入对象含有同名选项时，这些选项将以恰当的方式进行合并。比如，HelloWorld.ts 和 Goodbye.ts 同时具有 say()方法，代码如下：

```
import { Vue } from "vue-class-component";

export default class HelloWorld extends Vue {
  say() {
   console.log("say Hello World!");
  }
}


import { Vue } from "vue-class-component";

export default class GoodBye extends Vue {
  say() {
   console.log("say Good Bye!");
  }
}
```

那么，当 App.vue 组件在调用 say()方法时会怎么样呢？代码如下：

```
<template>
  <div></div>
</template>

<script lang="ts">
```

```
import Goodbye from "./GoodBye";
import HelloWorld from "./HelloWorld";

import { mixins } from "vue-class-component";

export default class App extends mixins(HelloWorld, Goodbye) {
  created() {
    console.log("before created!");
    // HelloWorld.ts 和 Goodbye.ts 同时具有 say()方法
    this.say();
    console.log("end created!");
  }
}
</script>
```

运行上述应用，控制台输出内容如图 14-2 所示。

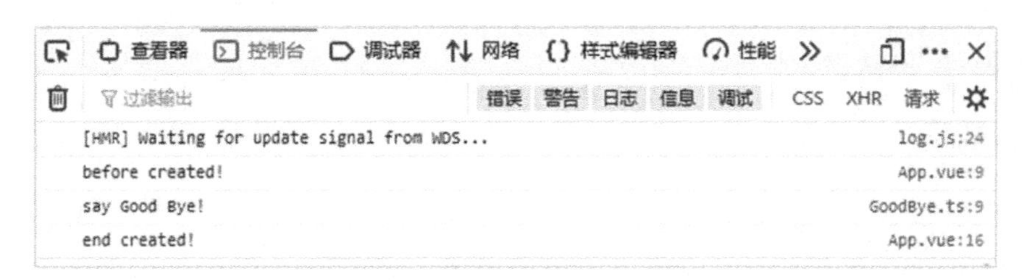

图 14-2　控制台输出内容（2）

可以看到，如果 HelloWorld.ts 和 Goodbye.ts 同时具有 say()方法，在组件内部会进行合并，最终只保留 Goodbye.ts 中的 say()方法。保留的顺序是以最后一个 mixins(HelloWorld, Goodbye)参数为准。

如果 App.vue 组件自身也包含 say()方法，则与 HelloWorld.ts 和 Goodbye.ts 发生冲突时，将以 App.vue 组件的方法优先。components 和 directives 也遵循同样的规则，当两个对象键名发生冲突时，取组件对象的“键-值”对。

14.2　自定义指令

除了核心功能默认内置的 v-model 指令和 v-show 指令，Vue.js 也允许注册自定义指令。

14.2.1　【实战】自定义指令的实例

假如有一个这样的业务诉求，当加载界面时，输入框元素将获得焦点，此时可以自定义 focus 指令完成该业务诉求，代码如下：

```
<template>
  <div>
    <!--使用 focus 指令-->
    <input v-focus />
  </div>
</template>

<script lang="ts">
import { Options, Vue } from "vue-class-component";

@Options({
  directives: {
    // 自定义 focus 指令
    focus: {
      mounted(el) {
        el.focus();
      },
    },
  },
})
export default class App extends Vue {}
</script>
```

在上述代码中，在 directives 选项中自定义了一个 focus 指令，该指令会让元素获得焦点。这样就可以在模板中任何元素上（如<input>）使用新的 v-focus property。

运行上述应用，界面效果如图 14-3 所示。

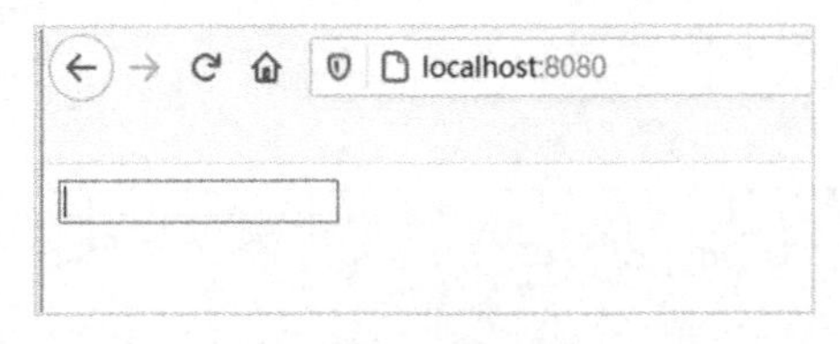

图 14-3　界面效果（1）

配套资源 本实例的代码在本书配套资源的“directive-custom”目录下。

14.2.2 了解指令的钩子函数

一个指令定义对象可以提供如下几个钩子函数（均为可选项）。

- beforeMount：当指令第一次绑定元素并且在挂载父组件之前调用。在这里可以进行一次性的初始化设置。
- mounted：在挂载绑定元素的父组件时调用。
- beforeUpdate：在更新包含组件的 VNode 之前调用。
- updated：在包含组件的 VNode 及其子组件的 VNode 更新之后调用。
- beforeUnmount：在卸载绑定元素的父组件之前调用。
- unmounted：当指令与元素解除绑定且父组件已卸载时，只调用一次。

14.2.3 【实战】指令绑定动态参数

指令的参数可以是动态的。例如，在 v-mydirective:[argument]="value"中，argument 参数可以根据组件实例数据进行更新，这使得自定义指令可以在应用中被灵活使用。观察如下代码：

```
<template>
  <div id="dynamic-arguments-example">
    <!--使用 pin 指令-->
    <p v-pin="20">距离界面顶部 20px</p>
  </div>
</template>

<script lang="ts">
import { Options, Vue } from "vue-class-component";

@Options({
  directives: {
    // 自定义 pin 指令
    pin: {
      mounted(el, binding) {
        el.style.position = "fixed";
        // binding.value 是传递给指令的值
        el.style.top = binding.value + "px";
```

```
      },
    },
  },
})
export default class App extends Vue {}
</script>
```

上述代码会把该元素固定在距离界面顶部 20px 的位置。

运行上述应用，界面效果如图 14-4 所示。

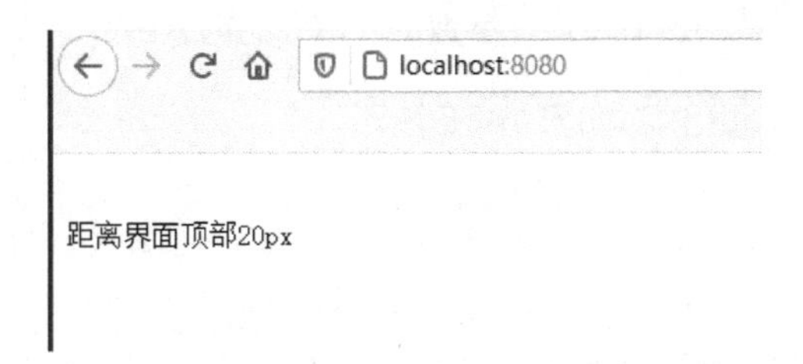

图 14-4　界面效果（2）

配套资源 本实例的代码在本书配套资源的“directive-dynamic-argument”目录下。

14.2.4 【实战】指令绑定对象字面量

如果指令需要多个值，则可以传入一个 JavaScript 对象字面量。指令函数能够接收所有合法的 JavaScript 表达式。比如，下面的实例：

```
<template>
  <div id="dynamic-arguments-example">
    <!--使用 pin 指令绑定对象字面量-->
    <p v-pin="{ color: 'white', text: 'hello!' }">对象字面量</p>
  </div>
</template>

<script lang="ts">
import { Options, Vue } from "vue-class-component";

@Options({
  directives: {
    // 自定义 pin 指令
    pin: {
```

```
      mounted(el, binding) {
        console.log(binding.value.color);
        console.log(binding.value.text);
      },
    },
  },
})
export default class App extends Vue {}
</script>
```

上述代码会把绑定的对象通过 binding 参数传入指令的钩子函数。

运行上述应用，控制台输出内容如图 14-5 所示。

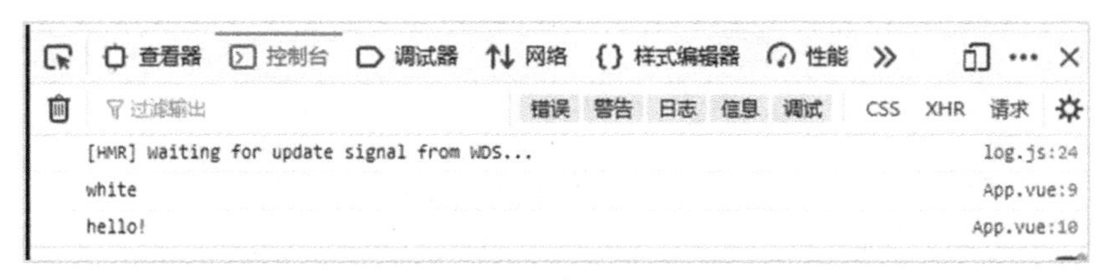

图 14-5　控制台输出内容（3）

配套资源　本实例的代码在本书配套资源的“directive-object-literal”目录下。

14.3　理解传入

传入（Teleport）是 Vue.js 3 的新特性。传入提供了一种将子节点渲染到父组件以外的 DOM 节点的方案。

传入是一种能够将模板移动到 DOM 中 Vue app 之外的其他位置的技术。比如，modal、toast 等元素，在很多情况下，将它们完全和 Vue.js 应用的 DOM 剥离，管理起来反而会更加方便。原因在于，如果嵌套在 Vue.js 的某个组件内部，则处理嵌套组件的定位、z-index 和样式就会变得很困难。

另外，modal、toast 等元素需要使用 Vue.js 组件的状态（data 或 props）的值，这就是传入派上用场的地方。可以在组件的逻辑位置编写模板代码，这就意味着可以使用组件的 data 或 prop，然后在 Vue.js 应用的范围之外渲染它们。

14.3.1 【实战】传入的基本实例

一个传入的基本实例代码如下：

```
<template>
  <div>
    <button @click="modalOpen = true">传入</button>

    <teleport to="body">
      <div v-if="modalOpen" class="modal">
        <div>
          这是传入的内容。父是"body"
          <button @click="modalOpen = false">关闭</button>
        </div>
      </div>
    </teleport>
  </div>
</template>

<script lang="ts">
import { Vue } from "vue-class-component";

export default class App extends Vue {
  private modalOpen: boolean = false;
}
</script>
```

从上述代码中我们可以知道以下内容。

- <teleport>用于告诉 Vue.js “传入一个 HTML 到该<body>标签”。
- 在初始时，modalOpen 的值默认为 false，modal 类不生效。
- 当单击“传入”按钮时，modalOpen 的值为 true，此时 modal 类生效。

初始时，modal 类不生效，界面效果如图 14-6 所示。

当单击“传入”按钮时，modal 类生效，界面效果如图 14-7 所示。

从图 14-7 中可以看到，modal 类已经被传入<body>标签下，与 Vue.js 的根组件（id 为“app”的元素）在同一级。

图 14-6　界面效果（3）

图 14-7　界面效果（4）

当单击“关闭”按钮时，modalOpen 的值为 false，modal 类不生效，界面效果如图 14-6 所示。

配套资源 本实例的代码在本书配套资源的“teleport-basic”目录下。

14.3.2 【实战】<teleport>与组件一起使用的实例

如果<teleport>标签包含 Vue.js 组件，则它仍将是<teleport>标签中父组件的逻辑子组件。

有一个 ComponentParent.vue 父组件，代码如下：

```
<template>
  <h2>Parent component</h2>
  <teleport to="body">
    <ComponentChild title="Way Lau" />
  </teleport>
</template>

<script lang="ts">
import { Options, Vue } from "vue-class-component";
import ComponentChild from "./ComponentChild.vue";
@Options({
  components: {
    ComponentChild,
  },
})
export default class ComponentParent extends Vue {}
</script>
```

ComponentParent.vue 父组件通过<teleport>的方式传入 ComponentChild.vue 子组件，代码如下：

```
<template>
  <h2>Child component</h2>
  <h3>title: {{ title }}</h3>
</template>

<script lang="ts">
import { Options, Vue } from "vue-class-component";

@Options({
  props: {
    title: String,
  },
```

```
})
export default class ComponentChild extends Vue {
  title!: string;
}
</script>
```

App.vue 根组件引用了 ComponentParent.vue 父组件，代码如下：

```
<template>
  <h2>App root component</h2>
  <div>
    <ComponentParent />
  </div>
</template>

<script lang="ts">
import { Options, Vue } from "vue-class-component";

import ComponentParent from "./components/ComponentParent.vue";
@Options({
  components: {
    ComponentParent,
  },
})
export default class App extends Vue {
}
</script>
```

在这种情况下，即使在不同的地方渲染 ComponentChild.vue，它仍将是 ComponentParent.vue 的子级，并将从中接收 title prop。

这也就意味着，来自父组件的注入按预期工作，并且子组件将嵌套在 Vue Devtools 中的父组件之下，而不是放在实际内容移动到的位置。界面效果如图 14-8 所示。

从图 14-8 中可以看到，ComponentChild.vue 被传入<body>标签中。

配套资源 本实例的代码在本书配套资源的“teleport-with-component”目录下。

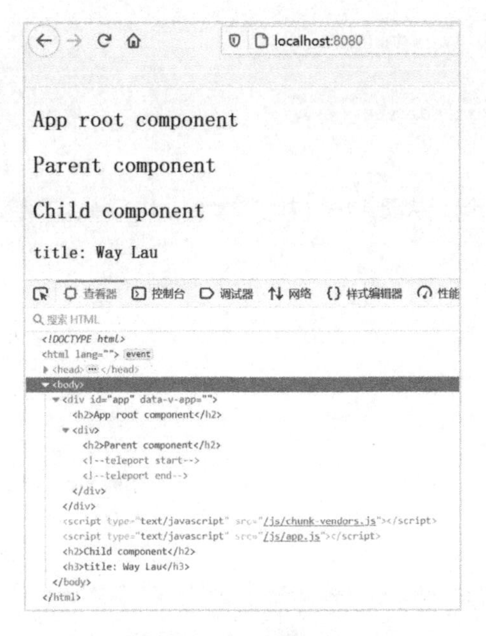

图 14-8　界面效果（5）

14.3.3　【实战】在同一个目标元素上使用多个传入

可以将多个<teleport>标签中的内容传入同一个目标元素。顺序将是一个简单的追加，即稍后挂载将位于目标元素中较早的挂载后面。

实例代码如下：

```
<template>
  <div>
    <teleport to="body">
      <div>这是传入的内容 1</div>
    </teleport>

    <teleport to="body">
      <div>这是传入的内容 2</div>
    </teleport>
  </div>
</template>

<script lang="ts">
```

```
import { Vue } from "vue-class-component";

export default class App extends Vue {}
</script>
```

界面效果如图 14-9 所示。从图 14-9 中可以看到，内容 1、内容 2 都被传入<body>标签中。

图 14-9　界面效果（6）

配套资源 本实例的代码在本书配套资源的“teleport-muti”目录下。

第 15 章 渲染函数

本章主要介绍 Vue.js 中的渲染函数。借助渲染函数，可以使用 JavaScript 动态创建 HTML 页面。

15.1 理解渲染函数

在绝大多数情况下，Vue.js 推荐使用模板创建 HTML 页面。然而在一些场景中，避免不了要使用 JavaScript 动态创建 HTML 页面。这时可以使用渲染函数 render()。

15.1.1 【实战】使用渲染函数 render()的实例

为了深入理解渲染函数 render()，下面先看一个没有使用渲染函数 render()的模板实例。

假设要生成一些带锚点的标题：

```
<h2>
  <a name="hello-world" href="https:waylau.com"> 我是 h2 </a>
</h2>
```

由于锚点标题的使用非常频繁，因此要创建一个组件，代码如下：

```
<AnchoredHeading :level="2">
  <a name="hello-world" href="https:waylau.com"> 我是 h2 </a>
</AnchoredHeading>
```

编写一个只能通过 level prop 动态生成标题的组件，代码如下：

```
<template>
  <h1 v-if="level === 1">
    <slot></slot>
  </h1>
  <h2 v-else-if="level === 2">
    <slot></slot>
  </h2>
  <h3 v-else-if="level === 3">
    <slot></slot>
  </h3>
  <h4 v-else-if="level === 4">
    <slot></slot>
  </h4>
  <h5 v-else-if="level === 5">
    <slot></slot>
  </h5>
  <h6 v-else-if="level === 6">
    <slot></slot>
  </h6>
</template>

<script lang="ts">
import { Options, Vue } from "vue-class-component";

@Options({
  props: {
    level: {
      type: Number,
      required: true,
    },
  },
})
export default class AnchoredHeading extends Vue {
  level!: Number;
}
</script>
```

这个模板功能不太好，它不仅冗长，而且需要为每个级别的标题重复编写<slot></slot>。当添加锚元素时，必须在每个 v-if/v-else-if 指令分支中再次重复编写<slot></slot>。

虽然模板在大多数组件中都非常实用，但是显然在这里它就不合适了。尝试使用渲染函数 render()重写上面实例的代码：

```
import { Options, Vue } from "vue-class-component";
import { h } from "vue";

@Options({
  render() {
    return h(
      'h' + this.level, // 标签名称
      {}, // prop/attribute
      this.$slots.default()
    )
  },
  props: {
    level: Number
  }
})
export default class AnchoredHeading extends Vue {
  level!: Number;
}
```

使用 render()渲染函数会让整个组件的实现要精简得多。

下面是 App.vue 根组件使用 AnchoredHeading 的代码：

```
<template>
  <AnchoredHeading :level="2">
    <a name="hello-world" href="https:waylau.com"> 我是 h2 </a>
  </AnchoredHeading>
  <AnchoredHeading :level="3">
    <a name="hello-world" href="https:waylau.com"> 我是 h3 </a>
  </AnchoredHeading>
</template>

<script lang="ts">
import { Options, Vue } from "vue-class-component";
```

```
import AnchoredHeading from "./components/AnchoredHeading";
@Options({
  components: {
    AnchoredHeading,
  },
})
export default class App extends Vue {}
</script>
```

界面效果如图 15-1 所示。

图 15-1　界面效果（1）

配套资源 本实例的代码在本书配套资源的“render-function”目录下。

15.1.2　DOM 树

在深入理解渲染函数之前，了解一些浏览器的工作原理是很重要的。

以下面这段 HTML 为例：

```
<div>
  <h1>My title</h1>
```

```
  Some text content
  <!-- TODO: Add tagline -->
</div>
```

当浏览器读到这些代码时，它会建立一个 DOM 树保持追踪所有内容。上述 HTML 对应的 DOM 节点树如图 15-2 所示。

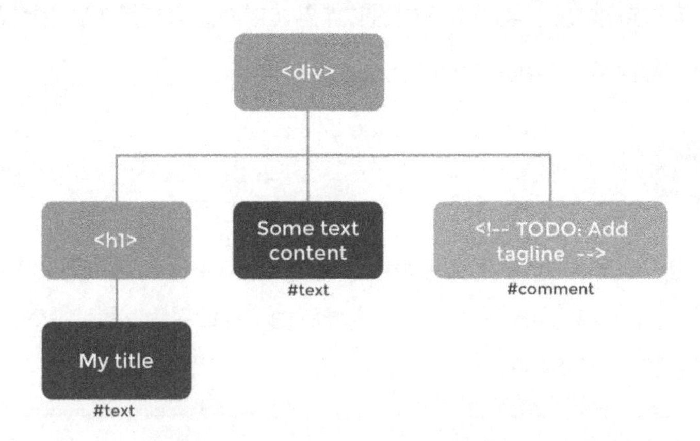

图 15-2 HTML 对应的 DOM 节点树

上面每个元素都是一个节点，每段文字也是一个节点，甚至注释也都是节点。一个节点就是页面的一部分。就像树一样，每个节点都可以有孩子节点，即每部分可以包含其他部分。

高效地更新所有节点是比较困难的，不过我们不必手动完成这个工作，一切都交给 Vue.js，只需要告诉 Vue.js 希望页面上的 HTML 是什么即可。比如，下面的模板实例：

```
<h1>{{ blogTitle }}</h1>
```

或者使用 render()渲染函数实现上述实例：

```
render() {
  return Vue.h('h1', {}, this.blogTitle)
}
```

在上面两种情况下，Vue.js 都会自动保持页面的更新，即便 blogTitle 发生了改变。

15.1.3 虚拟 DOM 树

Vue.js 是如何实现自动保持页面的更新呢?

Vue.js 通过建立一个虚拟 DOM 来追踪自己要如何改变真实 DOM。请仔细观察如下代码：

```
render() {
  return Vue.h('h1', {}, this.blogTitle)
}
```

在上述代码中，h()函数到底会返回什么呢？其实不是一个实际的 DOM 元素。它更准确的名字可能是 createNodeDescription，因为它所包含的信息会告诉 Vue.js 页面上需要渲染什么样的节点，包括及其子节点的描述信息。我们把这样的节点描述称为虚拟节点（Virtual Node，VNode）。这种由 Vue.js 组件树建立起来的整个 VNode 树，我们将其称为虚拟 DOM 树。

15.2 h()函数

h()函数是一个用于创建 VNode 的实用程序，其中，包含向 Vue.js 描述它应在页面上渲染哪种节点的信息，包括所有子节点的描述。也许可以更准确地将其命名为 createVNode()，但由于它被频繁使用，为了保持简洁，它被命名为 h()函数。

15.2.1 h()函数的参数

h()函数可以接收 type、props 和 children 共 3 个参数，这 3 个参数的含义如下。

1. type

type 的类型可以是 String、Object 或 Function。该参数可以是 HTML 标签名、组件或异步组件。使用返回 null 的函数将渲染一个注释。该参数是必需的。

2. props

props 的类型是 Object。该参数是一个对象，与将在模板中使用的 attribute、prop 和事件相对应。该参数是可选的。

3. children

children 的类型是 String、Array 或 Object。该参数是指使用 h()函数生成子代 VNode，或者使用字符串获取“文本 VNode”或带有插槽的对象。该参数是可选的。

15.2.2 【实战】使用 h()函数生成子代 VNode

下面实例演示如何使用 h()函数中的 children 参数生成子代 VNode：

```
import { Options, Vue } from "vue-class-component";
import { h } from "vue";

@Options({
  render() {
    return h(
      'div', // 标签名称
      {}, // prop/attribute
      [
        'Some text comes first.',
        h('h1', 'A headline'),
      ]
    )
  }
})
export default class Heading extends Vue {
}
```

Heading 组件在 children 参数中，又再次调用了 h()函数，从而生成子代 VNode。

Heading 组件在 App.vue 中的用法如下：

```
<template>
  <Heading />
</template>

<script lang="ts">
import { Options, Vue } from "vue-class-component";

import Heading from "./components/Heading";
@Options({
  components: {
    Heading,
  },
})
export default class App extends Vue {}
</script>
```

界面效果如图 15-3 所示。

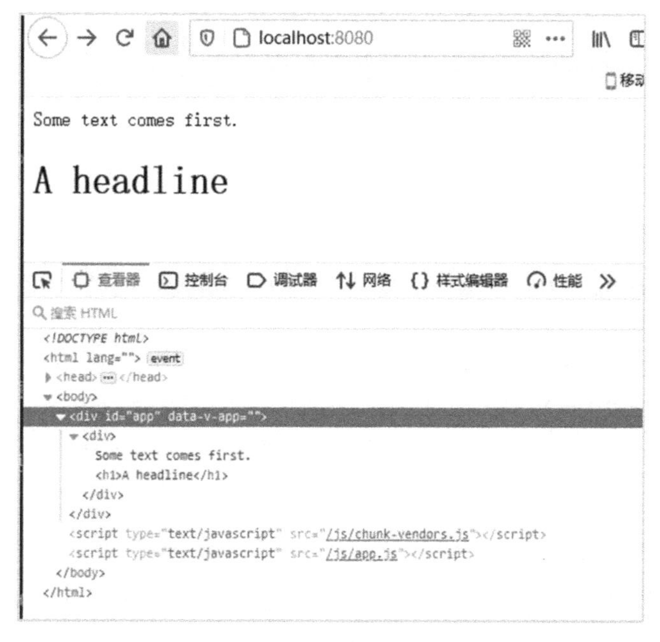

图 15-3　界面效果（2）

配套资源 本实例的代码在本书配套资源的“render-function-children”目录下。

15.2.3　VNode 必须唯一

组件树中的所有 VNode 必须是唯一的。这就意味着，下面的 render()渲染函数是不合法的：

```
render() {
  const myParagraphVNode = Vue.h('p', 'hi')
  return Vue.h('div', [
    // 错误，重复的 VNode
    myParagraphVNode, myParagraphVNode
  ])
}
```

如果想要重复很多次的元素/组件，则可以使用工厂函数来实现。例如，下面使用合法的方式渲染 20 个相同的段落：

```
render() {
  return Vue.h('div',
    Array.apply(null, { length: 20 }).map(() => {
      return Vue.h('p', 'hi')
```

```
    })
  )
}
```

15.3　使用 JavaScript 代替模板功能

只要在原生的 JavaScript 中可以轻松完成的操作，Vue.js 中的 render()渲染函数就不会提供专有的替代方法。因此，使用 JavaScript 可以代替模板中的很多功能。

15.3.1　【实战】代替 v-if 指令和 v-for 指令的实例

下面是一个在模板中使用的 v-if 指令和 v-for 指令的实例：

```
<ul v-if="items.length">
  <li v-for="item in items">{{ item.name }}</li>
</ul>
<p v-else>No items found.</p>
```

上述实例可以在 render()渲染函数中使用 JavaScript 的 if...else 和 map()方法来实现：

```
import { Options, Vue } from "vue-class-component";
import { h } from "vue";

@Options({
  props: ['items'],
  render() {
    if (this.items.length) {
      return h('ul', this.items.map((item: any) => {
        return h('li', item.name)
      }))
    } else {
      return h('p', 'No items found.')
    }
  }
})
export default class Heading extends Vue {
}
```

Heading 组件在 App.vue 中的用法如下：

```
<template>
  <Heading :items="books" />
</template>

<script lang="ts">
import { Options, Vue } from "vue-class-component";

import Heading from "./components/Heading";
@Options({
  components: {
    Heading,
  },
})
export default class App extends Vue {
  private books: any[] = [
    { name: "分布式系统常用技术及案例分析" },
    { name: "Spring Boot 企业级应用开发实战" },
    { name: "Spring Cloud 微服务架构开发实战" },
    { name: "Spring 5 开发大全" },
    { name: "分布式系统常用技术及案例分析（第 2 版）" },
    { name: "Cloud Native 分布式架构原理与实践" },
    { name: "Angular 企业级应用开发实战" },
    { name: "大型互联网应用轻量级架构实战" },
    { name: "Java 核心编程" },
    { name: "MongoDB + Express + Angular + Node.js 全栈开发实战派" },
    { name: "Node.js 企业级应用开发实战" },
    { name: "Netty 原理解析与开发实战" },
    { name: "分布式系统开发实战" },
    { name: "轻量级 Java EE 企业应用开发实战" },
  ];
}
</script>
```

界面效果如图 15-4 所示。

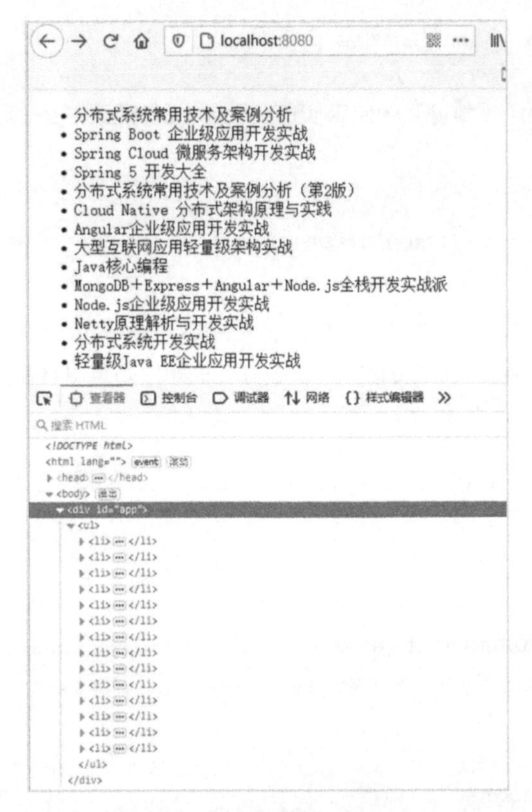

图 15-4 界面效果（3）

配套资源 本实例的代码在本书配套资源的“render-function-js-if-for”目录下。

15.3.2 【实战】代替 v-model 指令的实例

下面是一个在 render()渲染函数中使用 JavaScript 代替模板中 v-model 指令的实例：

```
props: ['modelValue'],
render() {
  return h(SomeComponent, {
    modelValue: this.modelValue,
    'onUpdate:modelValue': value => this.$emit('update:modelValue', value)
  })
}
```

v-model 指令可以使用 modelValue 和 onUpdate:modelValue 来代替，在模板编译过程中，我们必须提供这些 prop。

15.3.3 【实战】代替 v-on 指令的实例

下面是一个在 render()渲染函数中使用 JavaScript 代替模板中 v-on 指令的实例：

```
render() {
  return h('div', {
    onClick: $event => console.log('clicked', $event.target)
  })
}
```

必须为事件处理程序提供一个正确的 prop 名称。例如，如果想要处理 click 事件，则 prop 名称应该是 onClick。

对于.passive、.capture 和.once 事件修饰符来说，Vue.js 提供了处理程序的对象语法：

```
render() {
  return h('input', {
    onClick: {
      handler: this.doThisInCapturingMode,
      capture: true
    },
    onKeyUp: {
      handler: this.doThisOnce,
      once: true
    },
    onMouseOver: {
      handler: this.doThisOnceInCapturingMode,
      once: true,
      capture: true
    },
  })
}
```

15.3.4 代替插槽

可以通过 this.$slots 访问静态插槽的内容，每个插槽都是一个 VNode 数组：

```
render() {
  return h('div', {}, this.$slots.default())
}
```

```
props: ['message'],
render() {
  return h('div', {}, this.$slots.default({
    text: this.message
  }))
}
```

使用 render()渲染函数将插槽传递给子组件，代码如下：

```
render() {
  return h('div', [
    h('child', {}, {
      default: (props) => h('span', props.text)
    })
  ])
}
```

15.4　模板编译

Vue.js 中的模板实际上最终也会被编译成渲染函数。用户通常不需要关心这个实现细节。但是，如果想看一看模板的功能是怎样被编译的，则可以使用 Vue.compile 查看实时编译模板的过程。

下面是一个简单的模板实例：

```
<div>Hello World!</div>
```

最终，上述模板被编译为渲染函数：

```
import { openBlock as _openBlock, createBlock as _createBlock } from "vue"

export function render(_ctx, _cache, $props, $setup, $data, $options) {
  return (_openBlock(), _createBlock("div", null, "Hello World!"))
}
```

第 16 章 测试

本章主要介绍 Vue.js 测试。完整的测试流程包括单元测试、组件测试及端到端测试。

16.1 测试概述

软件测试的目的有两个方面，一个方面是检测出软件中的 bug；另一个方面是检验软件系统是否满足需求。

在传统的软件开发公司中，测试人员一直是被视为“二等公民”，测试工作也往往得不到技术人员的足够重视。随着 Web 应用的兴起，特别是以微服务为代表的分布式系统的发展，传统的测试技术也面临着巨大的变革。

16.1.1 传统的测试技术所面临的问题

总体来说，传统的测试技术主要面临以下几个问题。

1. 开发与测试对立

在传统软件公司组织结构中，开发者与测试人员往往分属不同部门，各自担负不同工作的职责。开发者为了实现功能需求而编写代码；测试人员则是为了查找更多功能问题，从而迫使开发者返工，对代码进行修改。

从表面上来看，好像是测试人员在给开发者“找茬”。两个部门的人员也因为经常“扯皮”而无法友好的相处，因而开发与测试的关系处于对立。

2. 事后测试

按照传统的开发流程，以敏捷开发模式为例，开发团队在迭代过程结束过后，会发布一个版本，以提供给测试团队进行测试。由于在开发过程中，迭代周期一般是以月计的，所以，从输出一个迭代到这个迭代的功能完全测试完成，往往会再经历数周时间。也就说等到开发者拿到测试团队的测试报告时，报告中所反馈的问题极有可能已经距离发现问题差不多有一个多月的时间。

别说让开发者去看一个月前编写的代码，即便是开发者在一个星期前编写的代码，如果想要开发者记忆起来也是挺困难的。开发者不得不花费大量时间再去熟悉原有的代码以查找错误产生的根源。

所以，对测试工作而言，这种事后测试的流程，时间间隔越久，修复问题的成本也就越高。

3. 测试方法老旧

很多公司的测试方法往往比较老旧，无法适应当前软件开发的大环境。很多公司的测试职位仍然是属于人力密集型的，即往往需要进行大量的手动测试。

手动测试在整个测试过程中必不可少，如果手动测试比重较大，则往往会带来极大的工作量，而且由于其机械重复性质，也大大限制了测试人员的水平。测试人员不得不进行这种重复工作，无法发挥其才智，也就无法对公司的测试提出改进措施。

4. 技术发生了巨大的变革

互联网的发展急剧加速了计算机技术的变革。软件设计、开发和部署方式也发生了很大的改变。随着越来越多的公司从桌面应用转向了 Web 应用，很多曾经红极一时的测试书籍所介绍的测试方法和最佳实践，在当前互联网环境下效率会大大下降，或者是毫无效果，甚至起到了反作用。

从目前的互联网和软件行业来说，一切变化如此之快，以至于几年前所流行的软件测试的技术或方法都变得落后、陈旧。

5. 测试工作被低估

大家都清楚测试的重要性，一款软件在交付给用户之前，必须要经过测试，才能放心。但与开发工作相比，测试工作往往会被“看低一等”，毕竟在大多数人眼里，开发工作是负责产出的，而测试往往只是默默地工作在背后。大多数技术人员也心存偏见，认为测试人员都是因为其技术水平不够，才会选择做测试工作。

6. 发布缓慢

在传统的开发过程中，必须版本的发布必须要经过版本测试。由于传统的测试工作是采用了其事后测试的策略，拉长了修复问题的时间周期，提高了时间成本，最终导致产品发布延迟。

延迟产品发布又会导致需求无法得到客户及时的确认，需求的变更也就无法提前实现，这样，项目无疑就陷入了恶性循环的“泥潭”。

16.1.2 如何破解测试技术面临的问题

针对上面所列的问题，解决的方法大致归纳为以下几种。

1. 开发与测试混合

在 *How Google Tests Software* 一书中，关于开发、测试及质量的关系，表述为：质量不等于测试。当你把开发过程和测试放到一起，就像在搅拌机里混合搅拌那样，直到不能区分彼此时，你就得到了质量。

这就意味着质量更像是一种预防行为，而不是检测。质量是开发过程的问题，而不是测试问题。所以，要保证软件质量，开发和测试必须同时开展。编写一段代码就立刻测试这段代码，完成更多的代码就做更多的测试。

在 Google，有专门的一个职位，被称为软件测试开发工程师（Software Engineer in Test，SET）。Google 认为没有人比实际编写代码的人更适合做测试，所以，将测试纳入开发过程，成为开发过程中必不可少的一部分。当开发过程和测试一起携手联姻时，即是质量达成之时。

2. 测试角色的转变

在 GTAC 2011 大会上，James Whittaker 和 Alberto Savoia 发表演说，即“Test is Dead（测试已死）”。当然，这里所谓的“测试已死”并不是指测试人员或测试工作不需要了，而是指传统的测试流程，以及涉及测试组织架构应该要进行调整。测试的角色已经发生了转变，新兴的软件测试工作不仅只是传统的测试人员的职责了。

在 Google，负责测试工作的部门被称为工程生产力团队，他们推崇“You build it, you break it, you fix it!”的理念，即开发者编写的代码所产生的 bug 需要自己负责。这样，传统的测试角色会消失，取而代之的是开发者测试和自动化测试。相较于依赖手动测试人员，未来的软件团队将依赖内部全体员工测试，Beta 版大众测试和早期用户测试。

测试角色往往是租赁形式的，这样就可以在各个项目组之间流动，而且测试角色，并不承担项目组主要的测试任务，而只是给项目组提供测试方面的指导，测试工作由项目组自己来完成。这样就保证了测试角色始终比较少人，且忙碌，可以最大化地将测试技术在公司内部蔓延。

3. 积极发布，及时得到反馈

在开发实践中，推崇持续集成和持续发布。持续集成和持续发布的成功实践，有利于形成“需求→开发→集成→测试→部署”可持续的反馈闭环，从而使需求分析、产品的用户体验和交互设计、开发、测试、运维等角色密切协作，减少了资源的浪费。

一些互联网产品，甚至打出了“永远 Bate 版本”的口号，即产品在不用等到完全定型，就直接上线交付给用户使用，通过用户的反馈持续对产品进行完善。特别是一些开源的、社区驱动的产品，由于其功能需求往往来自真实的用户、社区用户及开发者，这些用户对产品的建议，往往会被项目组所采纳，从而纳入技术。比较有代表性的是 Linux 和 GitHub。

4. 增大自动化测试的比例

最大化自动测试的比例，有利于减少公司的成本，同时也有利于测试效率的提升。

Google 刻意保持测试人员的最少化，以此保障测试力量的最优化。最少化测试人员还能迫使开发者在软件的整个生命期间都参与到测试中，尤其是在项目的早期阶段，测试基础架构容易建立时。

如果测试能够自动化进行，而不需要人类智慧判断，就应该以自动化的方式实现。当然有些手动测试仍然是无可避免的，如涉及用户体验、保留的数据是否包含隐私等。还有一些是探索性的测试，往往也依赖手动测试。

5. 合理安排测试的介入时机

测试工作应该是及早介入，一般认为，测试应该在项目立项时介入，并伴随整个项目的生命周期。在需求分析出来以后，测试不仅是对程序的测试，文档测试也是同样重要的。在进行需求分析评审时，测试人员应该积极参与，因为所有的测试计划和测试用例都会以客户需求为准。需求不但是开发的工作依据，同时也是测试的工作依据。

16.1.3 测试类型

图 16-1 所示为一个通用性的测试金字塔。

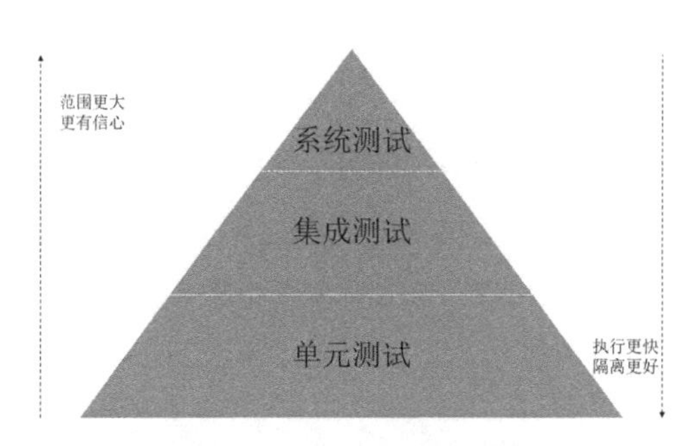

图 16-1　一个通用性的测试金字塔

在这个测试金字塔中，从下到上，形象地将测试分为了不同的类型。

1. 单元测试

单元测试是在软件开发过程中要进行的最低级别的测试活动，软件的独立单元将在与程序的其他部分相隔离的情况下进行测试。

单元测试的范围局限在服务内部，它是围绕一组相关联的案例编写的。比如，在 C 语言、JavaScript、TypeScript 中，单元通常是指一个函数；在 Java 等面向对象的编程语言中，单元通常是指一个类。所谓的单元就是指人为规定的最小的被测功能模块。因为测试范围小，所以执行速度很快。

单元测试用例往往由模块的开发者来编写。在 TDD（Test-Driven Development，测试驱动开发）的开发实践中，开发者在开发功能代码之前，就需要先编写单元测试用例代码，测试代码确定了需要编写什么样的产品代码。TDD 在开发中被广泛采用。

单元测试往往可以通过 JUnit 等框架来自动化进行测试。比如，在 Java 平台中，JUnit 测试框架已经应用于单元测试。在 JavaScript 或 TypeScript 中，可以使用 Jest、Mocha 等单元测试框架，它们包含断言库。

2. 集成测试

集成测试主要用于测试各个模块能否正确交互，并测试子系统的交互性以查看接口是否存在缺陷。

集成测试的目的在于，通过集成模块检查路径是否畅通，确认模块与外部组件的交互情况。集成测试可以结合 CI（持续集成）的实践，快速找到外部组件之间的逻辑回归与断裂，从而有助于评估各个单独模块中所含逻辑的正确性。

集成测试按照不同的项目类型，有时也细分为组件测试、契约测试等。比如在微服务架构中，微服务中的组件测试使用测试替代与内部 API 端点，通过替换外部协作的组件实现对各个组件的独立测试。组件测试通过尽量减少可移动部件来降低整体构件的复杂性。组件测试也能确认微服务的网络配置是否正确，以及是否能够对网络请求进行处理。

而契约测试会测试外部服务的边界，以查看服务调用的输入/输出，并测试该服务能否符合契约预期。

在 Vue.js 组件测试中可以使用 Vue Testing Library 或 Vue Test Utils。

3. 系统测试

系统测试主要用于测试集成系统运行的完整性，这里涉及应用系统的前端界面和后台数据存储。该测试可能会涉及外部依赖资源，如数据库、文件系统、网络服务等。系统测试在一些面向服务的系统架构中被称为端到端测试（E2E）。在微服务测试方案中，端到端测试占据了重要的角色。在微服务架构中有一些执行相同行为的可移动部件，使用端到端测试时需要找出覆盖缺口，并确保在微服务架构重构时业务功能不会受到影响。

由于系统测试是面向整个完整系统来进行测试的，所以测试的涉及范围将会更广，所需要测试的时间也会更长。

Vue.js 生态系统中常用的端到端测试框架有 Cypress.io、Nightwatch.js、Puppeteer 和 TestCafe。

16.2 单元测试

本节详细介绍 Vue.js 单元测试的概念及常用框架。

16.2.1 理解单元测试

单元测试允许将独立单元的代码进行隔离测试，其目的是为开发者提供对代码的信心。通过编写细致且有意义的测试，能够有信心在构建新特性或重构已有代码的同时，保持应用的功能和稳定。

为一个 Vue.js 应用做单元测试并没有和为其他类型的应用做测试有什么明显的区别。

16.2.2 单元测试常用框架

业界提供了非常多的单元测试框架，选择单元测试框架通常考虑以下几个方面的因素。

- 一流的错误报告。当测试失败时，提供有用的错误信息对于单元测试框架来说至关重要。这是断言库应尽的职责。一个具有高质量错误信息的断言库能够最小化调试问题所需的时间。除了简单地告诉用户什么测试失败了，断言库还应额外提供上下文及测试失败的原因。例如，预期结果与实际得到的结果的比较。一些诸如 Jest 这样的单元测试框架会包含断言库，另一些诸如 Mocha 需要单独安装断言库（通常会用 Chai）。
- 活跃的社区和团队。因为主流的单元测试框架都是开源的，所以，对于一些旨在长期维护其测试且确保项目本身保持活跃的团队来说，拥有一个活跃的社区是至关重要的。额外的好处是，在任何时候遇到问题时，一个活跃的社区会为用户提供更多的支持。

以下是一些在 Vue.js 生态系统中常用的单元测试工具。

- Jest。Jest 是一个专注于简易性的 JavaScript 测试框架，其独特的功能是可以为测试生成快照（snapshot），以提供一种验证应用单元的方法。
- Mocha。Mocha 是一个专注于灵活性的 JavaScript 测试框架。因为其灵活性，它允许用户选择不同的库来满足侦听（如 Sinon）和断言（如 Chai）等常见的功能。另外，Mocha 独特的功能使它既可以在 Node.js 中运行测试，还可以在浏览器中运行测试。

16.2.3 【实战】Mocha 单元测试的实例

有一个 Vue.js 应用“unit-test-mocha”，HelloWorld.vue 子组件的代码如下：

```
<template>
  <div class="hello">
    <h1>{{ msg }}</h1>
  </div>
</template>


<script lang="ts">
import { Options, Vue } from 'vue-class-component';


@Options({
  props: {
    msg: String
```

```
  }
})
export default class HelloWorld extends Vue {
  msg!: string
}
</script>
```

App.vue 根组件引用了 HelloWorld.vue 子组件中的代码如下：

```
<template>
  <HelloWorld msg="baisc component"/>
</template>

<script lang="ts">
import { Options, Vue } from 'vue-class-component';
import HelloWorld from './components/HelloWorld.vue';

@Options({
  components: {
    HelloWorld,
  },
})
export default class App extends Vue {}
</script>
```

如果想要在原有项目中使用 Mocha，则可以在已有的项目中执行以下命令：

```
vue add unit-mocha
```

此时，会在项目的根目录下生成一个“tests”目录，并会自动生成测试文件 example.spec.ts，代码如下：

```
import { expect } from 'chai'
import { shallowMount } from '@vue/test-utils'
import HelloWorld from '@/components/HelloWorld.vue'

describe('HelloWorld.vue', () => {
  it('renders props.msg when passed', () => {
    const msg = 'new message'
    const wrapper = shallowMount(HelloWorld, {
      props: { msg }
```

```
    })
    expect(wrapper.text()).to.include(msg)
  })
})
```

同时，也自动修改了 package.json 文件，在“scripts”配置中，添加了如下配置内容：

```
"scripts": {
    // ...
    "test:unit": "vue-cli-service test:unit",
    // ...
},
```

如何执行测试呢？只要在项目目录下执行以下命令即可：

```
npm run test:unit
```

此时，控制台报如下异常：

```
 [=========================] 98% (after emitting)

DONE  Compiled successfully in 3020ms

 [=========================] 100% (completed)

WEBPACK  Compiled successfully in 3020ms

MOCHA  Testing...



 HelloWorld.vue
   1) renders props.msg when passed



 0 passing (115ms)
 1 failing

 1) HelloWorld.vue
      renders props.msg when passed:
    AssertionError: expected '' to include 'new message'
```

```
    at Context.<anonymous> (dist\js\webpack:\tests\unit\example.spec.ts:11:1)
    at processImmediate (node:internal/timers:464:21)



 MOCHA  Tests completed with 1 failure(s)

 ERROR  mochapack exited with code 1.
npm ERR! code 1
npm ERR! path
D:\workspaceGithub\vuejs-enterprise-application-development\samples\unit-test-mocha
npm ERR! command failed
npm ERR! command C:\WINDOWS\system32\cmd.exe /d /s /c vue-cli-service test:unit

npm ERR! A complete log of this run can be found in:
npm ERR!     C:\Users\wayla\AppData\Local\npm-cache\_logs\2021-05-31T15_41_15_184Z-debug.log
```

上述报错的解决方式是，将测试实例中的 shallowMount 修改为 mount，代码如下：

```
import { expect } from 'chai'
import { mount } from '@vue/test-utils'
import HelloWorld from '@/components/HelloWorld.vue'

describe('HelloWorld.vue', () => {
  it('renders props.msg when passed', () => {
    const msg = 'new message'
    const wrapper = mount(HelloWorld, {
      props: { msg }
    })
    expect(wrapper.text()).to.include(msg)
  })
})
```

再次执行测试实例，控制台输出以下内容，说明测试通过：

```
> unit-test-mocha@0.1.0 test:unit
> vue-cli-service test:unit

 WEBPACK  Compiling...
```

```
 [=========================] 98% (after emitting)

DONE  Compiled successfully in 3412ms

 [=========================] 100% (completed)

WEBPACK  Compiled successfully in 3412ms

MOCHA  Testing...



 HelloWorld.vue
   √ renders props.msg when passed


 1 passing (17ms)

MOCHA  Tests completed successfully
```

16.3 组件测试

本节详细介绍 Vue.js 组件测试的概念及常用框架。

16.3.1 理解组件测试

在测试大多数 Vue.js 组件时都必须将它们挂载到 DOM（虚拟或真实）上，才能完全断言它们正在工作。这是另一个与框架无关的概念。组件测试框架的诞生是为了让用户能够以可靠的方式完成这项工作，还提供了 Vue.js 特有的诸如对 Vuex、Vue Router 和其他 Vue.js 插件的集成的便利性。

16.3.2 组件测试常用框架

业界提供了非常多的组件测试框架，选择组件测试框架通常考虑以下几个方面的因素。

- 与 Vue.js 生态系统的最佳兼容性。毋庸置疑，其中重要的标准就是组件测试库应该尽可能与 Vue.js 生态系统兼容。虽然这看起来很全面，但需要记住的一些关键集成领域，包括单文件组件（SFC）、Vuex、Vue Router，以及应用所依赖的任何其他特定于 Vue.js 的插件。
- 一流的错误报告。当测试失败时，提供有用的错误日志以最小化调试问题所需的时间对于组件测试框架来说至关重要。除了简单地告诉用户什么测试失败了，他们还应额外提供上下文及测试失败的原因。例如，预期结果与实际得到的结果的比较。

以下是一些在 Vue.js 生态系统中常用的组件测试工具。

- Vue Testing Library。Vue Testing Library 是一组专注于测试组件而不依赖实现细节的工具。由于在设计时就充分考虑了可访问性，它采用的方案也使重构变得轻而易举。它的指导原则是，与软件使用方式相似的测试越多，它们提供的可信度就越高。
- Vue Test Utils。Vue Test Utils 是官方的偏底层的组件测试库，它是为用户提供对 Vue.js 特定 API 的访问而编写的。如果用户对测试 Vue.js 应用不熟悉，建议使用 Vue Testing Library，它是 Vue Test Utils 的抽象。例如，16.2.3 节所介绍的“Mocha 单元测试的实例”，其实也是使用了 Vue Test Utils。

16.4 端到端测试

本节详细介绍 Vue.js 端到端测试的概念及常用框架。

16.4.1 理解端到端测试

虽然单元测试为开发者提供了一定程度的信心，但是单元测试和组件测试在部署到生产环境时提供应用整体覆盖的能力是有限的。因此，端到端测试可以说从应用最重要的方面进行测试覆盖，当用户实际使用应用时会发生什么。

换句话说，端到端测试验证应用中的所有层。这不仅包括用户的前端代码，还包括所有相关的后端服务和基础设施，它们更能代表用户所处的环境。

通过测试用户操作如何影响应用，端到端测试通常是提高应用是否正常运行的关键。

16.4.2 端到端测试常用框架

业界提供了非常多的端到端测试框架，选择端到端测试框架通常考虑以下几个方面的因素。

- 跨浏览器测试。端到端测试的一个主要优点是它能够跨多个浏览器测试应用。尽管 100%的跨浏览器覆盖看上去很诱人，但需要注意的是，因为持续运行这些跨浏览器测试需要额外的时间和机器消耗，它会降低团队的资源回报。因此，在选择应用需要的跨浏览器测试数量时，必须注意这种权衡。
- 更快的反馈路径。端到端测试和开发的主要问题之一是运行整个套件需要很长时间。通常，这只在持续集成和部署（CI/CD）管道中完成。现在，端到端测试框架通过添加类似并行化的特性来帮助解决这个问题，这使得 CI/CD 管道的运行速度通常比以前快。此外，在本地开发时，有选择地为正在处理的页面运行单个测试的能力，还提供测试的热重载，将有助于提高开发者的工作流程和工作效率。
- 一流的调试经验。虽然开发者传统上依赖于在终端窗口中通过扫描日志来帮助确定测试中出了什么问题，但现代端到端测试框架允许开发者利用他们已经熟悉的工具，如浏览器开发工具。

Vue.js 生态系统中常用的端到端测试框架有以下几种。

- Cypress。Cypress 是一个端到端测试框架，开发者使用 Cypress 能够可靠地测试开发的应用，Cypress 为开发者提供了一流的开发体验，提高开发者的生产效率。
- Nightwatch.js。Nightwatch.js 是一个端到端测试框架，可用于测试 Web 应用和网站，以及 Node.js 单元测试和集成测试。
- Puppeteer。Puppeteer 是一个 Node.js 库，它提供高阶 API 来控制浏览器，并与其他测试运行程序（如 Jest）配合来测试应用。
- TestCafe。TestCafe 是一个基于端到端的 Node.js 框架，旨在提供简单的设置，方便开发者编写可靠的测试程序。

第 17 章

响应式编程——以声明式的方式去适应变化

本章主要介绍 Vue.js 响应式编程。

17.1 响应式概述

Vue.js 独特的特性之一是其非侵入性的响应式（Reactivity）系统。数据模型是被代理的 JavaScript 对象。当修改它们时，视图会进行更新。这让状态管理非常简单直观，不过理解其工作原理也同样重要，这样可以避免一些常见的问题。接下来将深入介绍 Vue.js 响应式系统的底层细节。

17.1.1 什么是响应式

什么是响应式编程？这是一种允许以声明式的方式去适应变化的一种编程范例。列举一个典型的 Excel 电子表格实例，如图 17-1 所示。

在 Excel 电子表格实例中，A3 单元格的值是根据 A1 单元格和 A2 单元格经过 SUM 函数（求和）的执行结果。如果将数字 2 放在 A1 单元格中，将数字 3 放在 A2 单元格中，则利用 SUM 函数会将其计算出来，A3 单元格的值为 5。如果这时更新 A1 单元格的数字（改为 3），则 A3 单元格的值也会自动更新（改为 6），如图 17-2 所示。

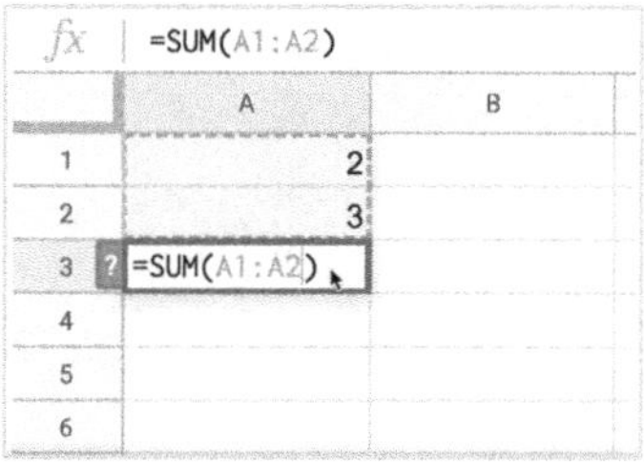

图 17-1　Excel 电子表格实例（1）

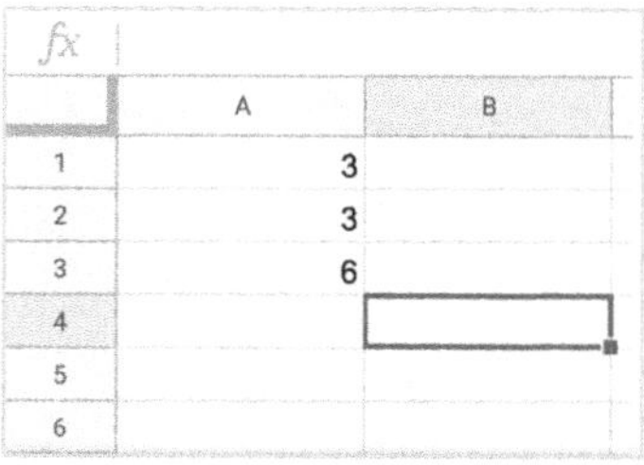

图 17-2 Excel 电子表格实例（2）

这种能够自动追踪数据的变化，而不必手动触发视图更新的特性，就被称为响应式。

17.1.2　如何追踪变化

Vue.js 是如何实现追踪变化的呢?

当把一个普通的 JavaScript 对象作为 data 选项传给应用或组件实例时，Vue.js 会使用带有 getter 和 setter 的处理程序遍历所有 property 并将其转换为 Proxy。这是 ES6 仅有的特性，但是 Vue.js 3 版本也使用了 Object.defineProperty 来支持 IE 浏览器。两者具有相同的 Surface API，但是 Proxy 版本更精简，同时提升了性能。

Proxy 是指一个包含另一个对象或函数并允许对其进行拦截的对象。

17.1.3　了解 Proxy 对象

Vue.js 在内部跟踪所有已被设置为响应式的对象，因此它始终会返回同一个对象的 Proxy 版本。

从响应式 Proxy 访问嵌套对象时，该对象在返回之前也被转换为 Proxy，代码如下：

```
const handler = {
  get(target, prop, receiver) {
    track(target, prop)
    const value = Reflect.get(...arguments)
    if (isObject(value)) {
      return reactive(value)
    } else {
      return value
    }
  }
  // ...
}
```

在上述实例中，使用 Reflect.get()方法返回 Proxy 对象。

17.1.4　了解侦听器实例

每个 Vue.js 组件实例都有一个相应的侦听器实例，该实例将在组件渲染期间把接触到的所有 property 记录为依赖项。然后，当触发依赖项的 setter 时，它会通知侦听器，从而使得组件重新渲染。

将对象作为数据传递给组件实例时，Vue.js 会将其转换为 Proxy。这个 Proxy 使 Vue.js 能够在 property 被访问或修改时执行依赖项跟踪和更改通知。每个 property 都被作为一个依赖项。

首次渲染后，组件将跟踪一组依赖列表，即在渲染过程中被访问的 property。反之，组件就成为每个 property 的订阅者。当 Proxy 拦截 set 操作时，该 property 通知其所有订阅的组件重新渲染。

17.2　理解 Vue.js 响应式编程的原理

本节将深入介绍 Vue.js 响应式编程的原理。

17.2.1　声明响应式状态

如果想要为 JavaScript 对象创建响应式状态，则可以使用 reactive()方法，代码如下：

```
import { reactive } from 'vue'

// 响应式状态
const state = reactive({
  count: 0
})
```

在上述代码中，reactive()方法相当于 Vue.js 2.x 中的 Vue.observable() API，为了避免与 RxJS 中的 observables 产生混淆，因此对其重命名。该 Vue.observable() API 返回一个响应式的对象状态。该响应式转换是“深度（deep）转换”，它会影响嵌套对象传递的所有 property。

在 Vue.js 中，响应式状态的基本实例可以在渲染期间被使用。因为依赖跟踪的关系，当响应式状态改变时视图会自动更新。

这就是 Vue.js 响应性系统的本质。当从组件中的 data()方法返回一个对象时，它在内部交由 reactive()方法使其成为响应式对象。模板会被编译成能够使用这些响应式 property 的渲染函数。

17.2.2 【实战】ref()方法的使用

如果有一个独立的原始值（如一个数字），想让它变成响应式对象，该如何实现呢？当然，可以创建一个拥有相同数字 property 的对象，并将其传递给 reactive()方法。但是 Vue.js 提供了一个可以做相同事情的 ref()方法。

一个 ref()方法的实例代码如下：

```
import { ref } from 'vue'

const count = ref(0)  // 可变的响应式对象
```

在上述代码中，ref()方法会返回一个可变的响应式对象，该对象可以作为它的内部值——一个响应式的引用，这就是名称的来源。此对象只包含一个名为 value 的 property，代码如下：

```
import { ref } from 'vue'

const count = ref(0)
console.log(count.value) // 0

count.value++
console.log(count.value) // 1
```

1. ref()方法的展开

当 ref()方法作为渲染上下文（从 setup()方法中返回的对象）中的 property 返回并可以在模板中被访问时，它将自动展开为内部值，不需要在模板中追加.value，代码如下：

```
<template>
  <div>
    <span>{{ counter.count }}</span>
    <button @click="counter.count++">递增</button>
  </div>
</template>

<script lang="ts">
import { Vue, setup } from "vue-class-component";
```

```
import { ref } from "vue";

export default class App extends Vue {
  private counter = setup(() => {
    const count = ref(0);
    return {
      count,
    };
  });
}
</script>
```

2. 访问响应式对象

当 ref()方法作为响应式对象的 property 被访问或更改时，为使其行为类似于普通 property，它会自动展开内部值，代码如下：

```
const count = ref(0)
const state = reactive({
  count
})

console.log(state.count) // 0

state.count = 1
console.log(count.value) // 1
```

如果将新的 ref()方法赋值给现有的 ref()方法，则会替换旧的 ref()方法，代码如下：

```
const otherCount = ref(2)

state.count = otherCount
console.log(state.count) // 2
console.log(count.value) // 1
```

ref()方法的展开仅发生在被响应式对象嵌套时。当从 Array 或原生集合类型 Map 访问 ref()方法时，不会进行展开，代码如下：

```
const books = reactive([ref('Vue 3 Book')])
// 这里需要.value
```

```
console.log(books[0].value)

const map = reactive(new Map([['count', ref(0)]]))
// 这里需要.value
console.log(map.get('count').value)
```

配套资源 本实例的代码在本书配套资源的“reactivity-ref”目录下。

17.2.3 响应式状态解构

当我们想要使用大型响应式对象的一些 property 时，可能使用 ES6 解构来获取想要的 property，代码如下：

```
import { reactive } from 'vue'

const book = reactive({
  author: 'Way Lau',
  year: '2021',
  title: 'Vue 3 Book',
  description: 'You are reading this book right now ;)',
  price: 'free'
})

let { author, title } = book
```

遗憾的是，使用 ES6 解构的两个 property 的响应式对象都会丢失。对于这种情况，需要将响应式对象转换为一组 ref()方法，该 ref()方法将保留与源对象的响应式关联，代码如下：

```
import { reactive, toRefs } from 'vue'

const book = reactive({
  author: 'Way Lau',
  year: '2021',
  title: 'Vue 3 Book',
  description: 'You are reading this book right now ;)',
  price: 'free'
})

let { author, title } = toRefs(book)
```

```
title.value = 'Vue 3 Detailed Guide'  // 这里需要使用.value
console.log(book.title)               // 'Vue 3 Book'
```

17.2.4　防止更改响应式对象

有时想跟踪响应式对象（ref 或 reactive）的变化，但也希望防止在应用的某个位置更改它。例如，当有一个被 provide 的响应式对象时，不想让它在注入时被改变。为此，可以基于原始对象创建一个只读的 Proxy 对象，代码如下：

```
import { reactive, readonly } from 'vue'

const original = reactive({ count: 0 })

const copy = readonly(original)


// 在 copy 上转换 original 会触发侦听器依赖
original.count++

// 转换 copy 将会失败并发出警告
copy.count++ // 警告: "Set operation on key 'count' failed: target is readonly."
```

17.3　理解响应式计算

在 Vue 中，用户可以使用组件“计算属性”来处理对于其他状态的依赖。通过 getter()函数将返回值作为一个响应式对象返回，就能实现响应式计算。

下面是一个关于声明“计算属性”的实例。在这个实例中，声明了一个“计算属性” publishedBooksMessage：

```
<template>
  <div>
    <p>是否出版过书? </p>

    <!-- 使用“计算属性” -->
    <P>{{ publishedBooksMessage }}</P>
```

```
  </div>
</template>

<script lang="ts">
import { Vue } from "vue-class-component";

export default class App extends Vue {
  private books: string[] = [
    "分布式系统常用技术及案例分析",
    "Spring Boot 企业级应用开发实战",
    "Spring Cloud 微服务架构开发实战",
    "Spring 5 开发大全",
    "分布式系统常用技术及案例分析（第 2 版）",
    "Cloud Native 分布式架构原理与实践",
    "Angular 企业级应用开发实战",
    "大型互联网应用轻量级架构实战",
    "Java 核心编程",
    "MongoDB + Express + Angular + Node.js 全栈开发实战派",
    "Node.js 企业级应用开发实战",
    "Netty 原理解析与开发实战",
    "分布式系统开发实战",
    "轻量级 Java EE 企业应用开发实战",
  ];

  // 使用“计算属性”
  get publishedBooksMessage(): string {
    return this.books.length > 0 ? "Yes" : "No";
  }
}
</script>
```

在上述代码中，“计算属性”是使用 getter()函数实现的。尝试更改应用中 books 数组的值，将看到 publishedBooksMessage 如何相应地更改。可以像普通属性一样将数据绑定到模板中的“计算属性”。

17.4 响应式侦听

7.4 节初步介绍了侦听器（watch）的用法，本节将继续介绍响应式侦听。

可以使用 watch()方法和 watchEffect()方法进行侦听，它们都可以用来跟踪响应式对象。

17.4.1　watchEffect()方法与 watch()方法的异同点

watchEffect()方法与 watch()方法的异同点如下。

- watchEffect()方法不需要指定侦听的属性，它会自动地收集依赖，只要在回调中引用响应式的属性，那么当这些属性变更时，这个回调都会被执行，而 watch()方法只能侦听指定的属性而做出变更。
- watch()方法可以获取新值与旧值（更新前的值），而 watchEffect()方法不可以获取新值与旧值（更新前的值）。
- 如果使用 watchEffect()方法，则在组件初始化时就会执行一次用以收集依赖（与"计算属性"同理），而后收集到的依赖发生变化，这个回调才会再次被执行。而 watch()方法不需要，因为它一开始就指定了依赖。在停止侦听、清除副作用、副作用刷新时机和侦听器调试行为等方面，watch()方法与 watchEffect()方法的行为是相同的。

17.4.2　【实战】使用 watchEffect()方法侦听变化

观察下面的实例：

```
<template>
  <div>
    <span>{{ counter.count }}</span>

    <button @click="counter.count++">递增</button>
  </div>
</template>

<script lang="ts">
import { Vue, setup } from "vue-class-component";

import { ref, watchEffect } from "vue";

export default class App extends Vue {
  private counter = setup(() => {
    const count: any = ref(0);
```

```
    // 使用 watchEffect()方法侦听 count 值的变化
    watchEffect(() => console.log("count changed to: " + count.value));

    return {
      count,
    };
  });
}
</script>
```

在上述实例中，使用 watchEffect()方法侦听 count 值的变化。当单击“递增”按钮改变 count 的值时，console.log()方法也会同时跟着执行。控制台输出内容如图 17-3 所示。

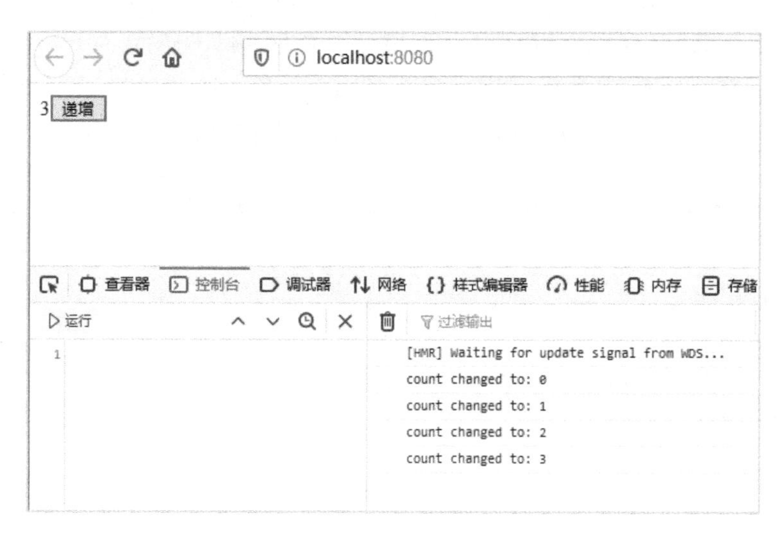

图 17-3　控制台输出内容（1）

17.4.3　【实战】停止使用 watchEffect()方法侦听

当 watchEffect()方法在组件的 setup()函数或生命周期钩子函数被调用时，侦听器会被链接到该组件的生命周期，并在组件卸载时自动停止。

在一些情况下，也可以显式调用返回值以停止侦听，如下面的实例：

```
<template>
  <div>
```

```
    <span>{{ counter.count }}</span>
    <button @click="counter.count++">递增</button>
    <button @click="counter.stop()">停止侦听</button>
  </div>
</template>

<script lang="ts">
import { Vue, setup } from "vue-class-component";

import { ref, watchEffect } from "vue";

export default class App extends Vue {
  private counter = setup(() => {
    const count: any = ref(0);

    // 使用 watchEffect()方法侦听 count 值的变化
    // 可以显式调用返回值 stop 以停止侦听
    const stop = watchEffect(() =>
      console.log("count changed to: " + count.value)
    );

    return {
      count,
      stop,
    };
  });
}
</script>
```

在上述实例中，stop 为 watchEffect()方法的返回值。当单击“停止侦听”按钮时，会执行 stop()方法，从而停止侦听。

观察图 17-4 中控制台输出内容。当 count 的值递增到 3 时，单击“停止侦听”按钮，此时，虽然单击“递增”按钮会使 count 的值递增到 6，但 console.log()方法已经不再被执行，说明 watchEffect()方法已经停止侦听。

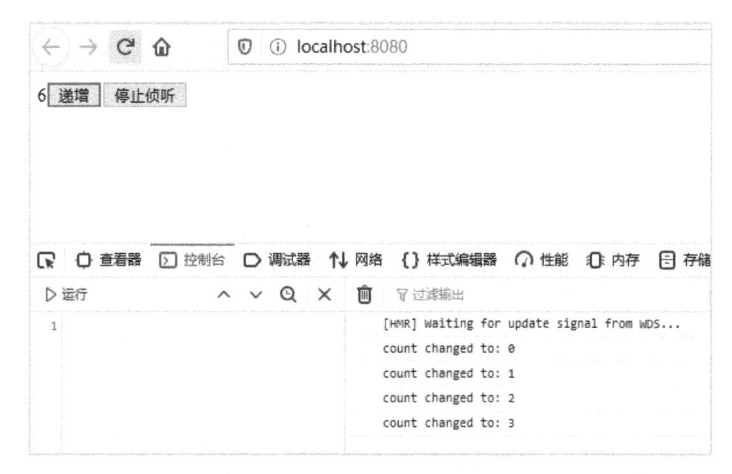

图 17-4　控制台输出内容（2）

配套资源 本实例的代码在本书配套资源的“reactivity-computed-watcher-watcheffect”目录下。

17.4.4 【实战】使用 watch()方法侦听多个数据源

观察下面的实例：

```
<template>
  <div>
    <div>
      {{ counter.count }}
      <button @click="counter.count++">递增 count</button>
    </div>
    <div>
      {{ counter.age }}
      <button @click="counter.age++">递增 age</button>
    </div>
    <button @click="counter.stop()">停止侦听</button>
  </div>
</template>

<script lang="ts">
import { Vue, setup } from "vue-class-component";

import { ref, watch } from "vue";
```

```
export default class App extends Vue {
  private counter = setup(() => {
    const count: any = ref(0);

    const age: any = ref(0);

    // 使用watch()方法侦听count值、age值的变化
    // 可以显式调用返回值stop以停止侦听
    const stop = watch([count, age], (newValues, prevValues) => {
      console.log(newValues, prevValues);
    });

    return {
      count,
      age,
      stop,
    };
  });
}
</script>
```

在上述实例中，使用 watch()方法侦听 count 值、age 值的变化。当单击“递增 count”按钮改变 count 的值，或者单击“递增 age”按钮改变 age 的值时，console.log()方法也会同时跟着执行。控制台输出内容如图 17-5 所示。

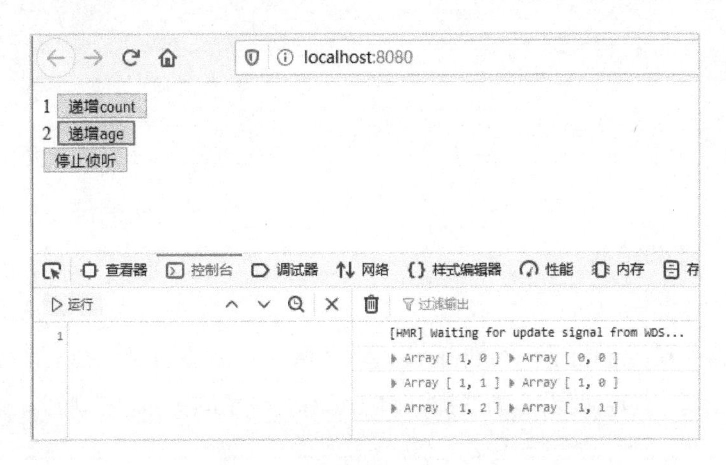

图 17-5　控制台输出内容（3）

17.4.5 【实战】使用 watch()方法侦听响应式对象

可以使用 watch()方法比较一个数组或对象的值，这些值必须是响应式的。比如，下面的实例：

```
<template>
  <div>
    {{ counter.numbers }}
    <button @click="counter.numbers.push(5)">增一个 5</button>
  </div>
</template>

<script lang="ts">
import { Vue, setup } from "vue-class-component";

import { watch, reactive } from "vue";

export default class App extends Vue {
  private counter = setup(() => {
    const numbers: any = reactive([1, 2, 3, 4]);

    // 使用 watch()方法侦听 numbers 值的变化
    watch([numbers], (newValues, prevValues) => {
      console.log(newValues, prevValues);
    });

    return {
      numbers,
    };
  });
}
</script>
```

在上述实例中，numbers 为一个数组。当单击“增一个 5”按钮时，会在 numbers 数组中添加一个数字 5，此时，使用 watch()方法就能侦听 numbers 值的变化。控制台输出内容如图 17-6 所示。

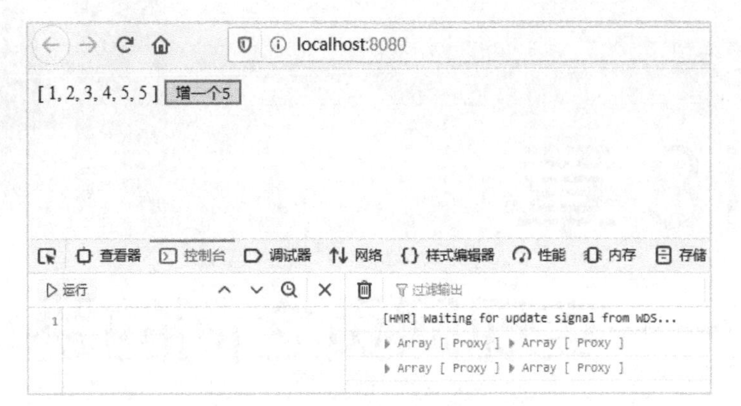

图 17-6　控制台输出内容（4）

配套资源 本实例的代码在本书配套资源的“reactivity-computed-watcher-watch”目录下。

第 18 章
路由——实现网页之间的跳转

本章主要介绍 Vue.js 路由的功能。

18.1 路由的概念

我们知道，在 Web 网页中，是通过链接来实现网页之间的跳转的。在默认情况下，链接是一段具有下画线的蓝色文本，在视觉上与周围的文字明显不同。单击一个链接会激活该链接；如果使用键盘，则按“Tab”键直到链接处于焦点，然后按“Enter”键或“Space”键来激活链接。

18.1.1 链接的类型

链接主要分为 3 类，即内链、外链、传入链接。

- 内链：同一网站域名下的页面之间的链接。没有内链就没有网站（当然，除非是只有一页的网站）。
- 外链：从自己域名下的网页链接到其他网站域名下的网页链接。没有外链就没有 Web，因为 Web 是网页的网络。使用外链提供除自己维护的内容之外的信息。
- 传入链接：从其他网站域名下的网页链接到自己域名下的网页链接。这只是从被链接者的角度看到的外链。需要注意的是，当有人链接到你的网站时，你不必链接回去。

18.1.2 什么是路由

路由用来组织网站的链接。比如，当单击页面中的 home 链接时，页面中就会显示 home 的内容；当单击页面中的 about 链接时，页面中就会显示 about 的内容。home 链接指向了 home 内容，而 about 链接指向了 about 内容。通过路由建立了一种映射，即单击部分映射到单击之后要显示内容的部分。

单击链接后，怎么做到正确的对应。比如，当单击 home 链接后，页面中如何能正确显示 home 的内容，这就要进行路由的配置。

18.1.3 路由的核心概念

路由有 route、routes、router 和客户端中的路由 4 个核心的概念。

- route：一条路由，如 home 链接映射到 home 内容，这是一条 route；about 链接映射到 about 内容，这是另一条路由。
- routes：一组路由，把上面的每一条路由组合起来形成一个数组。
- router：一个机制，相当于一个管理者，它来管理路由。因为 routes 只是定义了一组路由，它放在哪里都是静止的，当真正来了请求，该怎么办？当用户单击 home 链接时，该怎么办？这时 router 就起到了作用，它到 routes 中查找，找到对应的 home 内容，所以，页面中就显示了 home 内容。
- 客户端中的路由：实际上就是 DOM 元素的显示和隐藏。当页面中显示 home 内容时，about 中的内容全部隐藏，反之也是一样。

18.1.4 静态路由和动态路由

静态路由是指由网络管理员手动配置的路由信息。动态路由是指路由器能够自动建立自己的路由表，并且能够根据实际情况的变化适时地进行调整。

针对 Vue.js 而言，如果路由的 path 属性固定不变，则为静态路由；如果 path 属性是一个变量，则为动态路由。

18.2 【实战】创建静态路由

如果想要使用路由功能，则推荐安装路由插件 Vue Router 库，这是一个由 Vue.js 官方维护的路由插件，对 Vue.js 3 具有支持和兼容性。

创建一个名为“routing-basic”的 Vue.js 3 应用作为演示实例。

18.2.1 安装 Vue Router 库

在项目的根目录下执行以下命令即可安装 Vue Router 库：

```
npm install vue-router@4
```

18.2.2 创建待路由的子组件

创建两个待路由的 Home.vue 子组件和 About.vue 子组件。

Home.vue 子组件的代码如下：

```
<template>
  <div class="home">
    <h1>This is Home</h1>
  </div>
</template>

<script lang="ts">
import { Vue } from "vue-class-component";

export default class Home extends Vue {}
</script>
```

About.vue 子组件的代码如下：

```
<template>
  <div class="about">
    <h1>This is About</h1>
  </div>
</template>

<script lang="ts">
import { Vue } from "vue-class-component";

export default class About extends Vue {}
</script>
```

上述两个组件的代码非常简单，只是为了简单展示具体是哪个页面。

18.2.3　创建路由

创建一个路由文件 router.ts，代码如下：

```
import { createRouter, createWebHashHistory } from "vue-router";

import Home from "./components/Home.vue";

const routes: Array<any> = [
  {
    path: "/",
    name: "Home",
    component: Home,
  },
  {
    path: "/about",
    name: "About",
    // 当访问路由时，组件是以懒加载的方式被加载的
    component: () =>
      import("./components/About.vue"),
  },

];

const router = createRouter({
  history: createWebHashHistory(), // Hash 模式
  routes,
});

export default router;
```

在上述代码中，设置了以下路由规则。

- 当访问“/”路径时，则会响应 Home.vue 子组件中的内容。
- 当访问“/about”路径时，则会响应 About.vue 子组件中的内容。
- createRouter()方法用于实例化一个 router，其中，将 history 参数指定为 Hash 模式。

18.2.4 了解路由参数 history 的两种模式

history 可以指定 Hash 和 History 两种模式。

为什么要有 Hash 模式和 History 模式?

对于 Vue.js 这类渐进式前端开发框架来说，为了开发 SPA（单页面应用），需要引入前端路由系统。前端路由的核心在于当试图改变视图的切换的同时不会向后端发出请求，为了达到这一目的，浏览器提供了对上述两种模式的支持。

- Hash 模式：即地址栏 URL 中有“#”。比如，这个 URL “http://waylau.com/#/hello”，该 URL 的 Hash 的值为“#/hello”。Hash 模式的特点是，虽然 Hash 的值出现在 URL 中，但是不会被包括在 HTTP 请求中，对后端完全没有影响，因此改变 Hash 值不会重新加载页面。
- History 模式：利用了 HTML5 规范中新增的 pushState()方法和 replaceState()方法，通过执行这两个方法完成 URL 跳转而无须重新加载页面。

在一般情景下，Hash 模式和 History 模式都可以被使用，差异不大。

使用 Hash 模式的实例代码如下：

```
import { createRouter, createWebHashHistory } from 'vue-router';

const router = createRouter({
  history: createWebHashHistory(),
  routes
});
```

使用 History 模式的实例代码如下：

```
import { createRouter, createWebHistory} from 'vue-router';

const router = createRouter({
  history: createWebHistory(process.env.BASE_URL),
  routes
});
```

18.2.5 使用路由

如果想要使用上述 router.ts 路由规则，则需要在应用中修改两个地方。

1. 修改 main.ts 文件

修改代码如下：

```
import { createApp } from 'vue'
import App from './App.vue'
import router from "./router";

// 使用路由 router
createApp(App).use(router).mount('#app')
```

上述代码修改是将 router.ts 以插件方式引入应用中。

2. 修改 App.vue 根组件

修改代码如下：

```
<template>
  <div class="app">
    <h1>Router demo</h1>

    <div id="nav">
      <div>
        <router-link to="/">Home</router-link>
      </div>

      <div>
        <router-link to="/about">About</router-link>
      </div>
    </div>

    <div id="content">
      <router-view />
    </div>
  </div>
</template>

<script lang="ts">
import { Vue } from "vue-class-component";
```

```
export default class App extends Vue {}
</script>
```

从上述代码中我们可以知道以下内容。

- router-link 中的 to 属性表示对应的一条路由。
- router-view 用于放置路由映射所对应的页面。

18.2.6 运行应用

初次运行应用，界面效果如图 18-1 所示。

图 18-1　界面效果（1）

从图 18-1 中可以看到，“/” 路径处于激活状态，路由响应的页面是 Home.vue 子组件的页面。

当单击 About 链接时，界面效果如图 18-2 所示。

图 18-2　界面效果（2）

从图 18-2 中可以看到，“/about” 路径处于激活状态，路由响应的页面是 About.vue 子组件的页面。

18.3　【实战】创建动态路由

在 18.2 节的实例中，定义的路由都是要进行严格匹配的，只有 router-link 中的 to 属性和路由 route 中的 path 属性匹配时，才能显示相应的组件。

18.3.1 什么是动态路由

有时项目中的路由并非都是固定不变的。比如，当我们访问博客网站中的某篇博客时，可以看到不同的博客，其博客 ID 在 URL 中是不同的。假设博客使用 Blog.vue 子组件表示，则不同的博客（就是博客的 ID 不同）都会导航到同一个 Blog.vue 子组件中。这样在配置路由时，就不能“写死”路由中的 path 属性。

不能“写死”路由中的 path 属性，那要怎么设置？这时就需要考虑动态路由。导航到 Blog.vue 子组件，路径中有博客 ID，给路径一个动态部分来匹配不同的博客 ID。在 Vue Router 库中，动态部分以“:”开头，则路径就变为“/blog/:id”。

18.3.2 初始化应用

接下来将演示一个完整的创建动态路由的实例。

创建一个名为“routing-dynamic”的应用作为演示实例，并在该应用中使用 Vue Router 库。

在项目的根目录下执行以下命令即可安装 Vue Router 库：

```
npm install vue-router@4
```

18.3.3 创建待路由的子组件

创建两个待路由的 Home.vue 子组件和 Blog.vue 子组件。

Home.vue 子组件的代码如下：

```
<template>
  <div class="home">
    <h1>This is Home</h1>
  </div>
</template>

<script lang="ts">
import { Vue } from "vue-class-component";

export default class Home extends Vue {}
</script>
```

上述 Home.vue 子组件的代码非常简单，只是为了简单展示具体是哪个页面。

Blog.vue 子组件的代码如下：

```
<template>
  <div class="blog">
    <h1>This is Blog</h1>
    <!-- 通过 this.$route.params 获取路由 path 属性中的 ID 值-->
    <div>ID 是{{ this.$route.params.id }}</div>
  </div>
</template>

<script lang="ts">
import { Vue } from "vue-class-component";

export default class Blog extends Vue {}
</script>
```

上述 Blog.vue 子组件通过 this.$route.params.id 获取路由 path 属性中的 ID 值，并绑定到组件模板中。

18.3.4 创建路由

创建一个路由文件 router.ts，代码如下：

```
import { createRouter, createWebHashHistory } from "vue-router";

import Home from "./components/Home.vue";

const routes: Array<any> = [
    {
        path: "/",
        name: "Home",
        component: Home,
    },
    {
        path: "/blog/:id",
        name: "Blog",
        // 当访问路由时，组件是以懒加载的方式被加载的
```

```
        component: () =>
            import("./components/Blog.vue"),
    },

];

const router = createRouter({
    history: createWebHashHistory(), // Hash 模式
    routes,
});

export default router;
```

在上述代码中，设置了以下路由规则。

- 当访问“/”路径时，会响应 Home.vue 子组件中的内容。
- 当访问“/blog/:id”路径时，会响应 Blog.vue 组件中的内容。
- createRouter()方法用于实例化一个 router，其中，将 history 参数指定为 Hash 模式。

18.3.5 使用路由

如果想要使用上述定义的 router.ts 路由规则，则需要在应用中修改两个地方。

1. 修改 main.ts 文件

修改代码如下：

```
import { createApp } from 'vue'
import App from './App.vue'
import router from "./router";

// 使用路由 router
createApp(App).use(router).mount('#app')
```

上述代码修改是将 router.ts 以插件方式引入应用中。

2. 修改 App.vue 根组件

修改代码如下：

```
<template>
  <div class="app">
    <h1>Dynamic router demo</h1>

    <div id="nav">
      <div>
        <router-link to="/">Home</router-link>
      </div>

      <div>
        <router-link to="/blog/1">Blog 1</router-link>
      </div>

      <div>
        <router-link to="/blog/2">Blog 2</router-link>
      </div>

      <div>
        <router-link to="/blog/3">Blog 3</router-link>
      </div>
    </div>

    <div id="content">
      <router-view />
    </div>
  </div>
</template>

<script lang="ts">
import { Vue } from "vue-class-component";

export default class App extends Vue {}
</script>
```

从上述代码中我们可以知道以下内容。

- router-link 中的 to 表示对应的一条路由。为了演示动态路由的功能，这里设置了 3 条不同的“/blog/:id”路径。

- router-view 用于放置路由映射所对应的页面。

18.3.6 运行应用

初次运行应用，界面效果如图 18-3 所示。

图 18-3 界面效果（3）

从图 18-3 中可以看到，“/”路径处于激活状态，路由响应的页面是 Home.vue 子组件的页面。

当单击 Blog 1 链接时，界面效果如图 18-4 所示。

从图 18-4 中可以看到“/blog/1”路径处于激活状态，路由响应的页面是 Blog.vue 子组件的页面。单击 Blog 2 链接、Blog 3 链接的原理也是类似的，此处不再赘述。

localhost:8080/#/blog/1
Dynamic router demo
Home
Blog 1
Blog 2
Blog 3
This is Blog
ID是1
查看器
控制台
调试器
网络
样式编辑器
性能
内存
搜索 HTML
<!DOCTYPE html>
<html lang="">
<head> </head>
<body>
<div id="app" data-v-app="">
<div class="app">
<h1>Dynamic router demo</h1>
<div id="nav">
<div>
<a class="" href="#/">Home</a>
</div>
<div>
<a class="router-link-active router-link-exact-active" href="#/blog/1" aria-current="page">Blog 1</a>
</div>
<div>
<a class="" href="#/blog/2">Blog 2</a>
</div>
<div>
<a class="" href="#/blog/3">Blog 3</a>
</div>
</div>
<div id="content">
<div class="blog">
<h1>This is Blog</h1>
<div>ID是1</div>
</div>
</div>
</div>
</div>
<script type="text/javascript" src="/js/chunk-vendors.js"></script>
<script type="text/javascript" src="/js/app.js"></script>
</body>
</html>

图 18-4　界面效果（4）

第 4 篇　项目实战

第 19 章 创建“新闻头条”客户端

从本章开始，会带领读者一起学习如何从零开始开发一个真实的商业项目。这个商业项目是目前市面上常见的“新闻头条”客户端应用。

配套资源 本章实例的代码在本书配套资源的“news-headlines-skeleton”目录下。

19.1 应用概述

本章主要以“新闻头条”客户端为例，对商业项目进行需求分析和架构设计。

“新闻头条”客户端是一个汇聚热点新闻的 Web 应用，该 Web 应用采用 Vue.js 3 作为主要实现技术，通过调用外部新闻数据接口服务，将新闻数据展示在应用中。

19.2 需求分析

“新闻头条”客户端主要面向的是手机用户，即屏幕应该能在宽屏、窄屏之间实现响应式缩放。“新闻头条”客户端大致分为首页、新闻详情页面两大部分。

19.2.1 首页的需求分析

首页包括导航栏、新闻列表等部分。首页效果如图 19-1 所示。

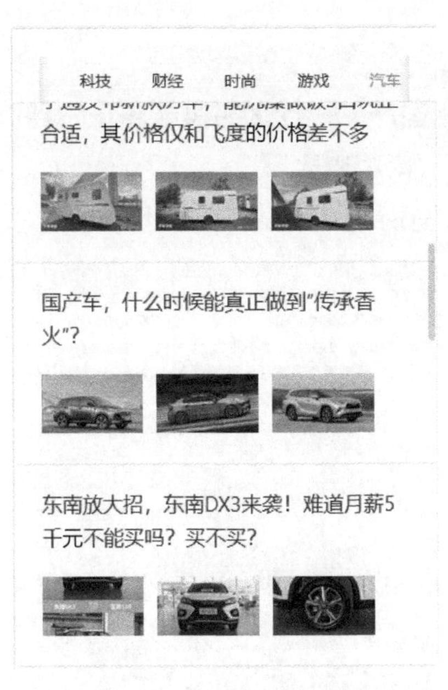

图 19-1 首页效果

1. 导航栏

导航栏可以用于切换首页及新闻分类。当访问首页时，会展示所有类型的新闻列表；当单击新闻分类按钮时，则会在首页展示该分类下的新闻列表。

按照新闻的类型，可以进行不同的分类，一般会分为科技、财经、时尚、游戏、汽车等类型，每种分类在导航栏中都是一个导航按钮。如果在导航栏下没有办法放置所有的分类，则可以只显示部分重要的分类，可以通过向右拖曳页面来展示其余的分类。

2. 新闻列表

首页用于展示新闻列表。新闻列表主要包括新闻标题、新闻插图等元素。

19.2.2 新闻详情页面的需求分析

在首页单击新闻列表时，应该能进入新闻详情页面。新闻详情页面主要用于展示新闻的详细内容，其效果如图 19-2 所示。

新闻详情页面包含“返回”按钮、新闻标题、新闻时间、新闻正文等方面的内容。其中，单击“返回”按钮可以返回首页（前一次访问记录）。

返回

国产车，什么时候能真正做到“传承香火”？

时间：2021-06-27 16:55:00

一直以来，我们都在嚷嚷国产车的技术、质量、设计不行，可国产车经过几十年的摸爬滚打后，其在技术、质量、设计上的短板已经解决。如今，当这三大短板解决后，我们又开始嚷嚷国产车的品牌形象不高大上，于是，越来越多的自主品牌在近些年努力提升自己的品牌形象，有些甚至成立了新品牌来专门做提升品牌形象这件事。

这些都是摆在明面上的事，而且这些存在的问题国产车也都已经改正或正在改正。可除了这些摆在明面上的问题，国产车还有一个老毛病要改一改，那就是车型缺少传承。

图 19-2　新闻详情页面效果

19.3　架构设计

“新闻头条”客户端的架构如图 19-3 所示。

图 19-3　“新闻头条”客户端的架构

“新闻头条”客户端通过 HTTP 协议访问上述第三方新闻 API。

第三方新闻 API 提供新闻的接口，这些接口包括实时新闻、新闻分类、新闻详情等。这些接口来自互联网，且都是免费的，非常适合学习使用。

19.3.1 获取访问 API 的密钥

虽然第三方新闻 API 是免费的，但也不是无限制使用的，需要在平台进行注册并获取访问 API 的密钥。下面介绍获取访问 API 密钥的步骤。

1. 用户注册

需要在新闻 API 平台首页，注册该平台账号并登录。注册地址见“聚合数据”官网。

2. 申请使用 API

拥有平台账号后，就可以免费注册新闻 API，如图 19-4 所示。

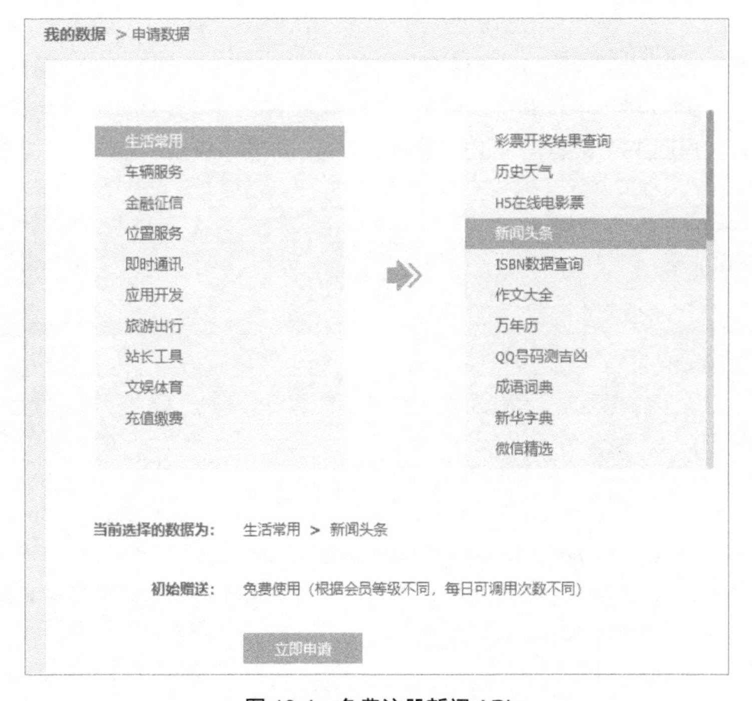

图 19-4 免费注册新闻 API

新闻 API 注册完成后，就可以填写该 API 所对应的应用 Key（AppKey）信息，如图 19-5 所示。

图 19-5 填写该 API 所对应的应用 Key（AppKey）信息

用户拥有了该应用 Key 就能使用该 API 了。

19.3.2 了解新闻列表 API

1. 新闻列表 API 的信息

新闻列表 API 的信息如下。

- 返回格式：JSON。
- 请求方式：get/post。
- 接口备注：返回头条(推荐)、国内、娱乐、体育、军事、科技、财经、时尚等新闻信息。

2. 返回实例

返回实例代码如下：

```
{
    "reason": "success",
    "result": {
        "stat": "1",
        "data": [
            {
                "uniquekey": "db61b977d9fabd0429c6d0c671aeb30e",
                "title": "“新时代女性的自我关爱”主题沙龙暨双山街道福泰社区妇儿活动家园启动仪式举行",
                "date": "2021-03-08 13:47:00",
                "category": "头条",
                "author_name": "鲁网",
                "url": "https://mini.eastday.com/mobile/210308134708834241845.html",
                "thumbnail_pic_s":
"https://dfzximg02.dftoutiao.com/news/20210308/20210308134708_d0216565f1d6fe1abdfa03efb4f3e23
```

```
c_0_mwpm_03201609.png",
                "thumbnail_pic_s02":
"https://dfzximg02.dftoutiao.com/news/20210308/20210308134708_d0216565f1d6fe1abdfa03efb4f3e23
c_1_mwpm_03201609.png",
                "thumbnail_pic_s03":
"https://dfzximg02.dftoutiao.com/news/20210308/20210308134708_d0216565f1d6fe1abdfa03efb4f3e23
c_2_mwpm_03201609.png",
                "is_content": "1"
            },
            ...
        ],
        "page": "1",
        "pagesize": "3"
    },
    "error_code": 0
}
```


受限于篇幅，实例中的数据只保留了核心部分。

3. 请求参数

请求参数含义如下。

- key：应用 AppKey。
- type：可以是 top（首页，默认）、shehui（社会）、guonei（国内）、guoji（国际）、yule（娱乐）、tiyu（体育）、junshi（军事）、keji（科技）、caijing（财经）、shishang（时尚）。
- page：当前页数，默认值为 1，最大值为 50。
- page_size：每页返回条数，默认值为 30，最大值为 30。
- is_filter：是否只返回有内容详情的新闻。1 表示是，0 表示否。默认值为 0。

4. 返回字段

返回字段含义如下。

- error_code：返回码。
- reason：返回说明。
- result：返回结果集。
- data：新闻列表，当无数据时返回值为 null。

- uniquekey：新闻 ID。
- title：新闻标题。
- date：新闻时间。
- category：新闻分类。
- author_name：新闻来源。
- url：新闻访问链接。
- thumbnail_pic_s：新闻图片链接。
- is_content：是否有新闻内容。

5. data 字段详细介绍

data 字段含义如下。

- uniquekey：新闻 ID，它在平台中是唯一的。
- title：新闻标题。
- date：发布时间。
- author_name：新闻来源。
- category：新闻分类。
- url：新闻详情页面链接。
- thumbnail_pic_s：新闻封面缩略图地址。
- thumbnail_pic_s02：新闻封面缩略图地址。
- thumbnail_pic_s03：新闻封面缩略图地址。
- is_content：是否有新闻内容。

19.3.3 了解新闻详情 API

1. 新闻详情 API 的信息

新闻详情 API 的信息如下。

- 返回格式：JSON。
- 请求方式：http get/post。
- 接口备注：新闻详情查询。

2. 返回实例

返回实例代码如下：

```
{
    "reason": "查询成功!",
    "result": {
        "uniquekey": "b6007680102715c423da7ae88862ab7b",
        "detail": {
            "title": "黄××入盟 GK，娱乐、电竞圈互串双丰收? ",
            "date": "2021-03-08 13:21:00",
            "category": "娱乐",
            "author_name": "杨啸宇",
            "url": "https://mini.eastday.com/mobile/210308132121345627278.html",
            "thumbnail_pic_s":
"https://dfzximg02.dftoutiao.com/minimodify/20210308/500x700_6045b450aafd7_mwpm_03201609.png",
            "thumbnail_pic_s02": "",
            "thumbnail_pic_s03": ""
        },
        "content": "<p >其实，有许多明星喜欢玩网络游戏，特别是英雄联盟和王者荣耀，最近佛山 GK 电子竞技俱乐部宣布，黄××将加盟 GK，担任合伙人兼联席 CEO。今后，他将与俱乐部合作培养选手和艺人。</p><p >\n
<img width='100%'
src='//dfzximg01.dftoutiao.com/minimodify/20210308/500x700_6045b42b1dd23.png'
data-weight='500' data-width='500' data-height='700'></p><p>"
    },
    "error_code": 0
}
```

受限于篇幅，实例中的数据只保留了核心部分。

3. 请求参数

请求参数含义如下。

- key：应用 AppKey。
- uniquekey：新闻 ID。

4. 返回字段

返回字段含义如下。

- error_code：返回码。
- reason：返回说明。
- result：返回结果集。
- data：新闻列表，当无数据时返回值为 null。
- uniquekey：新闻 ID。
- content：新闻内容。
- detail：新闻信息。
- title：新闻标题。
- date：新闻时间。
- category：新闻分类。
- author_name：新闻来源。
- url：新闻访问链接。
- thumbnail_pic_s：新闻图片链接。

5. data 字段详细介绍

data 字段含义如下。

- uniquekey：新闻 ID，它在平台中是唯一的。
- title：新闻标题。
- date：发布时间。
- author_name：新闻来源。
- category：新闻分类。
- url：新闻详情页面链接。
- thumbnail_pic_s：新闻封面缩略图地址。
- thumbnail_pic_s02：新闻封面缩略图地址。
- thumbnail_pic_s03：新闻封面缩略图地址。
- content：新闻内容。

19.4 【实战】初始化“新闻头条”客户端应用

“新闻头条”客户端应用的英文名为“News Headlines”。

通过 Vue CLI 可以非常容易地创建该应用的框架：

```
vue create news-headlines
```

同时需要在 news-headlines 应用中添加 TypeScript 和 Vue Router 库的支持，代码如下：

```
vue add typescript

npm install vue-router@4
```

19.4.1　修改 HelloWorld.vue 子组件

修改 HelloWorld.vue 子组件，代码如下：

```
<template>
  <div class="hello">
    <h1>{{ msg }}</h1>
  </div>
</template>

<script lang="ts">
import { Options, Vue } from "vue-class-component";

@Options({
  props: {
    msg: String,
  },
})
export default class HelloWorld extends Vue {
  msg!: string;
}
</script>
```

19.4.2　修改 App.vue 根组件

修改 App.vue 根组件，代码如下：

```
<template>
  <img alt="Vue logo" src="./assets/logo.png" />
  <HelloWorld msg="News Headlines" />
</template>
```

```
<script lang="ts">
import { Options, Vue } from "vue-class-component";
import HelloWorld from "./components/HelloWorld.vue";

@Options({
  components: {
    HelloWorld,
  },
})
export default class App extends Vue {}
</script>

<style>
#app {
  font-family: Avenir, Helvetica, Arial, sans-serif;
  -webkit-font-smoothing: antialiased;
  -moz-osx-font-smoothing: grayscale;
  text-align: center;
  color: #2c3e50;
  margin-top: 60px;
}
</style>
```

19.4.3 运行应用

执行 npm run serve 命令可以运行该应用，并在浏览器的地址栏中输入 http://localhost:8080/ 访问该应用。运行效果如图 19-6 所示。

图 19-6 运行效果

第 20 章 实现“新闻头条”客户端首页

首页是一个应用的门面。首页设计的好坏能够影响用户是否愿意长期访问。本章将详细介绍如何来实现“新闻头条”客户端的首页。

配套资源 本章实例的代码在本书配套资源的“news-headlines-home”目录下。

20.1 首页概述

“新闻头条”客户端首页是应用的主入口。首页提供了新闻的分类导航栏及当前分类的新闻列表。首页效果如图 20-1 所示。

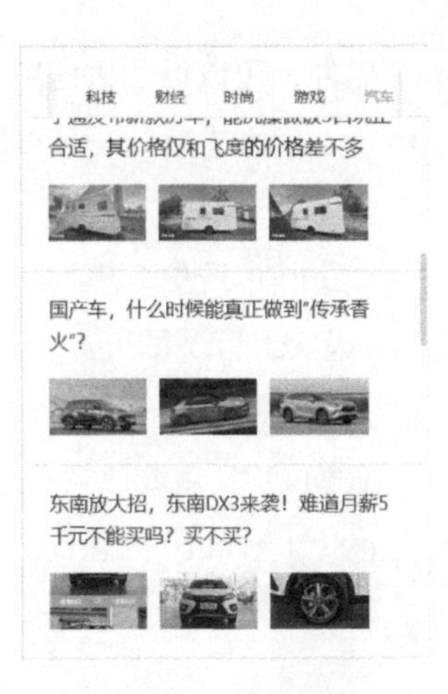

图 20-1 首页效果

20.2 需求分析

软件产品并不是一气呵成的，而是通过不断地迭代逐步来实现的。在本章实例中，并不打算实现一个完整的首页功能，而是将功能进行了分解，拆分为导航栏、新闻列表等部分。

按照 Vue.js 组件化开发方式，将首页、导航栏、新闻列表分别定义为 NewsHome、NewsNavigater、NewsList 共 3 个组件。其中，NewsNavigater、NewsList 两个组件又都是 NewsHome 的子组件。

本章只实现首页的整体布局，其他部分在后续章节再进行介绍。

20.3 架构设计

由于“新闻头条”客户端主要面向的群体是手机用户，所以界面应该能够适配不同尺寸的手机屏幕。为了提升用户体验，需要在应用中引入一款成熟的 UI 组件。目前，市面上有非常多的 UI 组件可供选择，如 Naive UI、Ant Design Vue 等，这些 UI 组件各有优势。

本实例使用了 Naive UI，该 Naive UI 组件是使用 TypeScript 开发的，且对 Vue.js 3 有着一流的支持。

Naive UI 的特征如下。

- 功能比较完整。有超过 70 个组件，可以最大化地减少代码的编写。它们全都可以进行 TreeShaking 优化。TreeShaking 优化是指引入一个模块的部分功能后，将该模块下其他没有用到的功能去掉。
- 主题可调。提供了一个使用 TypeScript 开发先进类型的安全主题系统。只需要提供一个样式覆盖的对象，剩下的都交给 Naive UI 完成即可。
- 使用 TypeScript 开发。Naive UI 全量使用 TypeScript 编写，和用户制作的 TypeScript 项目无缝衔接。这里不需要导入任何 CSS 就能让组件正常工作。
- 运行速度不算太慢。select、tree、transfer、table、cascader 等控件都可以使用虚拟列表。

20.4 【实战】实现“新闻头条”客户端首页

接下来演示如何实现“新闻头条”客户端首页的整体布局。

20.4.1 添加 Naive UI

如果使用 Naive UI，则需要安装 naive-ui 组件库和字体库。在 Vue.js 应用根目录下执行如下命令即可：

```
npm i -D naive-ui

npm i -D vfonts
```

这样就可以通过直接引入的方式来导入组件并使用它。在这种情况下，只有导入的组件才会被打包。

以 Button（按钮）控件为例。如果想要在应用中使用 Button 控件，则只需要引入 Naive UI 中的 NButton 组件即可。

在 App.vue 根组件中使用 NButton 组件的实例代码如下：

```
<template>
    <n-button>Default</n-button>
    <n-button type="primary">Primary</n-button>
    <n-button type="info">Info</n-button>
    <n-button type="success">Success</n-button>
    <n-button type="warning">Warning</n-button>
    <n-button type="error">Error</n-button>
</template>

<script lang="ts">
import { Options, Vue } from 'vue-class-component';
import { NButton } from 'naive-ui'

@Options({
  components: {
    NButton,
```

```
  },
})

export default class App extends Vue {}

</script>
```

20.4.2 创建组件

将首页组件拆分为导航栏、新闻列表两部分，在应用中创建与之对应的两个组件。因此，需要创建 NewsHome、NewsNavigater 和 NewsList 共 3 个组件，如图 20-2 所示。

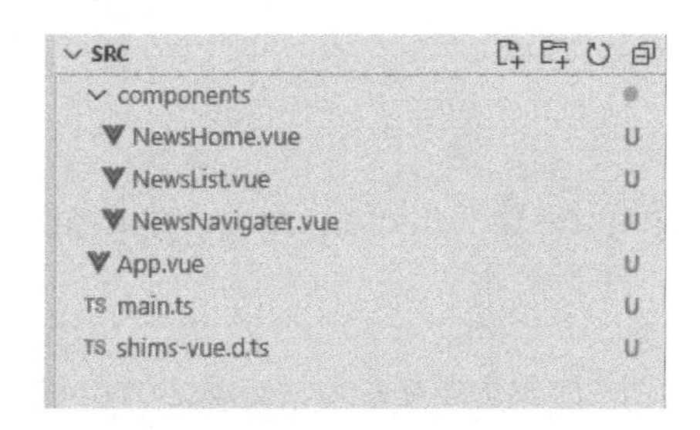

图 20-2 创建 3 个组件

20.4.3 实现界面原型

界面原型设计是产品经理与客户沟通的一种方式，在开发中往往占有非常重要的地位。界面的原型设计具有以下优势。

- 原型设计可以将最终的界面效果展示出来。产品经理可以在项目早期通过原型设计，向客户解释系统的界面，表达需求。原型往往可以通过工具来快速实现，而不必等到最终功能开发完成才能看到最终的效果。这样，通过原型设计，产品经理可以更早地向客户演示系统的原型效果，也就能更早地得到客户的反馈，及时纠正问题。
- 某些需求无法通过文字来表达。很多需求都是无法用文字很好地表达出来的，特别是涉及界面、用户体验等方面的内容，文字的表达能力就远没有原型设计强。
- 原型设计可以指导开发工作。有了原型作为参考，开发工作更加可以有的放矢。参考原型来实现项目，开发者能更好地把握产品经理的需求，也就能更好地完成客户的需求。
- 原型设计可以提升开发效率。通过“原型即界面”的理念，原型通过极少量的代码工作，就能直接转化为最终的界面，从而提高了开发效率。

首页的原型设计如下。

1. 导航栏

导航栏可以用于切换首页及新闻分类。该导航栏用到了 Naive UI 中的 NTabs、NTabPane 等 UI 组件。要在代码中导入相应的 UI 组件的模块，代码如下：

```
<template>
  <div class="news-navigater">
    <n-tabs type="line">
      <n-tab-pane name="top" tab="头条">头条</n-tab-pane>
      <n-tab-pane name="guonei" tab="国内">国内</n-tab-pane>
      <n-tab-pane name="guoji" tab="国际">国际</n-tab-pane>
      <n-tab-pane name="yule" tab="娱乐">娱乐</n-tab-pane>
      <n-tab-pane name="tiyu" tab="体育">体育</n-tab-pane>
      <n-tab-pane name="junshi" tab="军事">军事</n-tab-pane>
      <n-tab-pane name="keji" tab="科技">科技</n-tab-pane>
      <n-tab-pane name="caijing" tab="财经">财经</n-tab-pane>
      <n-tab-pane name="shishang" tab="时尚">时尚</n-tab-pane>
      <n-tab-pane name="youxi" tab="游戏">游戏</n-tab-pane>
      <n-tab-pane name="qiche" tab="汽车">汽车</n-tab-pane>
      <n-tab-pane name="jiankang" tab="健康">健康</n-tab-pane>
    </n-tabs>
  </div>
</template>

<script lang="ts">
import { Options, Vue } from "vue-class-component";
import { NTabPane } from "naive-ui";
import { NTabs } from "naive-ui";

@Options({
  components: {
    NTabPane,
    NTabs,
  },
})
export default class NewsNavigater extends Vue {}
</script>
```

图 20-3 所示为导航栏的界面效果。

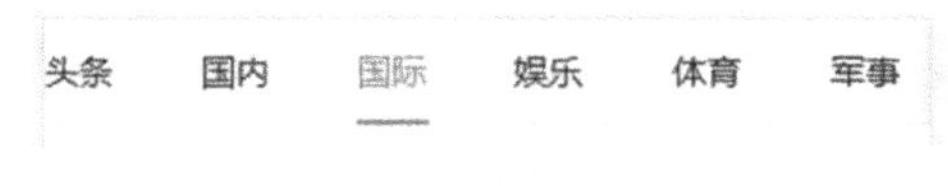

图 20-3　导航栏的界面效果

2. 新闻列表

首页应该能展示新闻列表。新闻列表主要包括新闻标题、新闻插图等元素。

新闻列表使用 Naive UI 中的 mn-card（卡片式）布局实现。mn-card 由头、标题、内容、图片等部分组成，包括 NCard、NImageGroup、NImage、NSpace 等元 UI 组件。

要在 NewsList 中导入相应的 UI 组件的模块，代码如下：

```
<template>
  <div class="news-list">
    <n-card
      title="新时代女性的自我关爱主题沙龙暨双山街道福泰社区妇儿活动家园启动仪式举行"
    >
      <n-image-group>
        <n-space>
          <n-image
            width="90"

src="https://dfzximg02.dftoutiao.com/news/20210308/20210308134708_d0216565f1d6fe1abdfa03efb4f
3e23c_0_mwpm_03201609.png"
          />
          <n-image
            width="90"

src="https://dfzximg02.dftoutiao.com/news/20210308/20210308134708_d0216565f1d6fe1abdfa03efb4f
3e23c_1_mwpm_03201609.png"
          />
          <n-image
            width="90"

src="https://dfzximg02.dftoutiao.com/news/20210308/20210308134708_d0216565f1d6fe1abdfa03efb4f
3e23c_2_mwpm_03201609.png"
```

```
          />
        </n-space>
      </n-image-group>
    </n-card>
    <n-card title="点赞！东海县公安局学雷锋见行动">
      <n-image-group>
        <n-space>
          <n-image
            width="90"

src="https://dfzximg02.dftoutiao.com/news/20210308/20210308133849_b9f3d069a1ab400bf2d87fcc157
93ca5_1_mwpm_03201609.png"
          />
          <n-image
            width="90"

src="https://dfzximg02.dftoutiao.com/news/20210308/20210308133849_b9f3d069a1ab400bf2d87fcc157
93ca5_2_mwpm_03201609.png"
          />
          <n-image
            width="90"

src="https://dfzximg02.dftoutiao.com/news/20210308/20210308133849_b9f3d069a1ab400bf2d87fcc157
93ca5_3_mwpm_03201609.png"
          />
        </n-space>
      </n-image-group>
    </n-card>
    <n-card title="滴滴发布女司机数据：2020 年新增女性网约车司机超 26 万人">
      <n-image-group>
        <n-space>
          <n-image
            width="90"

src="https://dfzximg02.dftoutiao.com/news/20210308/20210308134023_7a9ca0543b00332147c42e1ee41
46908_0_mwpm_03201609.png"
          />
```

```
        <n-image
          width="90"

src="https://dfzximg02.dftoutiao.com/news/20210308/20210308134023_7a9ca0543b00332147c42e1ee41
46908_1_mwpm_03201609.jpeg"
        />
        <n-image
          width="90"

src="https://dfzximg02.dftoutiao.com/news/20210308/20210308134708_d0216565f1d6fe1abdfa03efb4f
3e23c_1_mwpm_03201609.png"
        />
      </n-space>
    </n-image-group>
  </n-card>

  </div>
</template>

<script lang="ts">
import { Options, Vue } from "vue-class-component";
import { NCard, NImageGroup, NImage, NSpace } from "naive-ui";

@Options({
  components: {
    NCard,
    NImageGroup,
    NImage,
    NSpace,
  },
})
export default class NewsList extends Vue {}
</script>
```

图 20-4 所示为新闻列表的界面效果。

图 20-4 新闻列表的界面效果

20.4.4 查看完整的首页原型效果

1. 模拟移动端界面效果

Firefox、Chrome 等浏览器均支持模拟移动端界面的效果。以 Firefox 浏览器为例，通过选择“菜单”→“Web 开发者”→“响应式设计模式”选项可以展示移动端界面的效果，如图 20-5 所示。

图 20-5 选择“响应式设计模式”选项

2. 查看首页原型效果

运行应用，可以查看完整的首页原型效果，如图 20-6 所示。

图 20-6 查看完整的首页原型效果

第 21 章 实现“新闻头条”客户端导航栏

在第 20 章中，显示了首页的原型设计。本章在第 20 章原型的基础上，对导航栏进行重构，最终实现动态生成导航栏的功能。

配套资源 本章实例的代码在本书配套资源的“news-headlines-navigater”目录下。

21.1 导航栏概述

“新闻头条”客户端的导航栏主要有以下两个作用。

- 实现路由：可以让用户方便地从首页切换到其他页面，也可以从其他页面切换到首页。
- 新闻分类：可以让用户一目了然地知道“新闻头条”客户端具有哪些新闻分类。

简而言之，“新闻头条”客户端的导航栏结合了新闻分类和路由两大功能。

21.2 导航栏的需求分析

“新闻头条”客户端的导航栏将实现以下两个需求。

- 导航栏可以用于切换新闻分类并刷新对应新闻分类的新闻列表。
- 当切换到不同的新闻分类时，能够查询相应分类的新闻列表。当单击“头条”标签页时，就会展示“头条”这个分类下的新闻列表；当单击“娱乐”标签页时，就会展示“娱乐”这个分类下的新闻列表。

21.3 导航栏的架构设计

“新闻头条”客户端的导航栏主要涉及以下两个服务接口。

- 新闻分类服务：用于获取新闻的所有分类。
- 新闻列表服务：用于获取新闻列表。依赖于第三方新闻 API 提供数据，可以在该接口传入不同的新闻类型作为参数，以获取不同的新闻列表。有关第三方新闻 API 接口的描述，已经在第 19 章进行了详细讲解，这里就不再赘述。

“新闻头条”客户端的导航栏需要通过 HTTP 客户端来访问上述第三方新闻 API 接口，并将返回的数据动态生成新闻列表。

这里会引入 vue-axios 框架来承担 HTTP 客户端角色。安装 vue-axios 框架非常简单，只需要在应用中执行以下命令即可：

```
npm install --save axios vue-axios
```

21.4 【实战】实现“新闻头条”客户端的分类查询

“新闻头条”客户端的导航栏主要依赖新闻分类和新闻列表两个服务。先实现对新闻分类服务的调用。

21.4.1 新建新闻分类服务

新建 CategoryService.ts 文件，作为新闻分类服务，代码如下：

```
export class CategoryService {
}
```

21.4.2 解析新闻分类 API 数据

为了能够成功解析新闻分类 API 中的数据，需要新建一个新闻分类的包装类。

1. 新建一个新闻分类的包装类

新建一个新闻分类的包装类的代码如下：

```
export interface Category {
  name: string;
  alias: string;
}
```

其中，name 用于显示分类名称，alias 用于传参的分类别名。

2. 新建获取新闻分类的数据方法

新建 getCategoryData()方法，用于提供新闻分类列表数据的访问，代码如下：

```
import { Category } from './category'; // 导入新闻分类的包装类型

export class CategoryService {

    // 新闻分类列表
    categories: Category[] = [
        { alias: 'top', name: '头条' },
        { alias: 'guonei', name: '国内' },
        { alias: 'guoji', name: '国际' },
        { alias: 'yule', name: '娱乐' },
        { alias: 'tiyu', name: '体育' },
        { alias: 'junshi', name: '军事' },
        { alias: 'keji', name: '科技' },
        { alias: 'caijing', name: '财经' },
        { alias: 'shishang', name: '时尚' },
        { alias: 'youxi', name: '游戏' },
        { alias: 'qiche', name: '汽车' },
        { alias: 'jiankang', name: '健康' }
    ];

    // 获取新闻分类列表
    getCategoryData() {
        return this.categories;
    }

}
```

21.4.3　展示新闻分类

有了数据服务之后，就可以将数据应用到模板中，并渲染界面。

1. 在组件中引入服务

在 NewsNavigater 组件中引入 CategoryService 服务，并调用获取服务数据的 getCategoryData()方法，代码如下：

```
<script lang="ts">
import { Options, Vue } from "vue-class-component";
import { NTabPane } from "naive-ui";
import { NTabs } from "naive-ui";
import { CategoryService } from "../category-service";
import { Category } from "@/category";

@Options({
  components: {
    NTabPane,
    NTabs,
  },
})
export default class NewsNavigater extends Vue {
  private categoryService: CategoryService = new CategoryService();
  private categories: Category[] = this.categoryService.getCategoryData();
}
</script>
```

2. 修改模板

修改模板，将 categories 列表数据进行渲染，代码如下：

```
<template>
  <div class="news-navigater">
    <n-tabs type="line">
      <n-tab-pane
        v-for="category in categories"
        :key="category.alias"
        :tab="category.name"
        :name="category.name"
      >
        {{ category.name }}
      </n-tab-pane>
    </n-tabs>
```

```
  </div>
</template>
```

其中，使用 v-for 指令将 categories 列表数据进行遍历，以动态生成新闻分类。

运行应用，界面效果如图 21-1 所示。

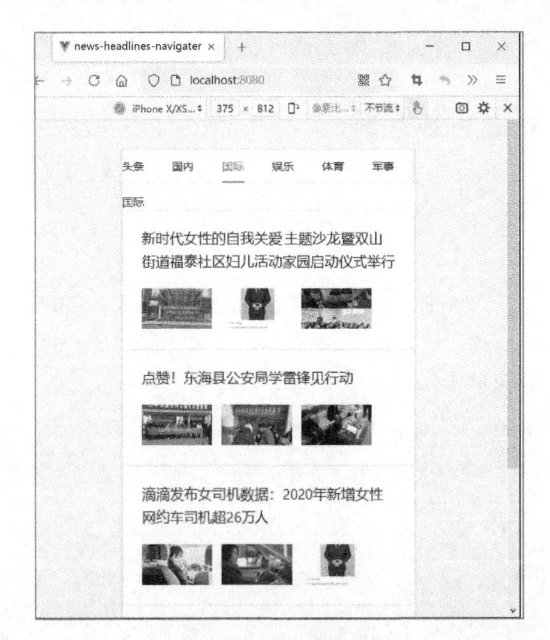

图 21-1　界面效果

21.5 【实战】实现“新闻头条”客户端的新闻列表

接下来将实现对新闻列表服务的调用。

21.5.1 引入 HTTP 客户端

如果想要调用外部的 API 获取新闻分类的数据，则需要把 HTTP 客户端注入该组件中，代码如下：

```
<script lang="ts">
import { Options, Vue } from "vue-class-component";
import { NCard, NImageGroup, NImage, NSpace } from "naive-ui";
import axios from "axios";
```

```
@Options({
  components: {
    NCard,
    NImageGroup,
    NImage,
    NSpace,
  },
})
export default class NewsList extends Vue {
  // 绑定模型变量
  private news:any = [];

  // 新闻列表 API 地址
  private newsApiUrl:string = "http://v.juhe.cn/toutiao/index?type=";
  private alias:string = "top"; // 当默认值为 top 时，获取全部的新闻数据
  private key:string = "&key=d95eb2c02b12e841bafb5a49d20924be";

  // 初始化时就要获取数据
  mounted() {
    this.getData();
  }

  getData() {
    axios
      .get(this.newsApiUrl + this.alias + this.key)
      .then((response) => (this.news = response.data.result.data));
  }
}
</script>
```

在上述代码中，引入了 vue-axios 框架，同时通过 axios.get()方法获取新闻分类 API 中的数据，并赋值给 news 数组。

21.5.2 解析新闻列表 API 数据

有了数据服务之后，就可以将数据应用到模板中，并渲染界面。

修改模板，将 news 数组中的数据进行渲染，代码如下：

```
<template>
  <div class="news-list">
    <n-card
      v-for="newsMsg in news"
      :key="newsMsg.uniquekey"
      :title="newsMsg.title"
    >
      <n-image-group>
        <n-space>
          <n-image width="90" :src="newsMsg.thumbnail_pic_s" />
          <n-image width="90" :src="newsMsg.thumbnail_pic_s02" />
          <n-image width="90" :src="newsMsg.thumbnail_pic_s03" />
        </n-space>
      </n-image-group>
    </n-card>
  </div>
</template>
```

21.5.3　解决跨域问题

运行应用后，有些浏览器会提示如下告警信息：

```
CORS Missing Allow Origin
```

这是一个典型的跨域问题。为了安全考虑，浏览器不允许在开发环境中，通过 localhost 访问跨域的 API。图 21-2 所示为 Firefox 浏览器提示的告警信息。

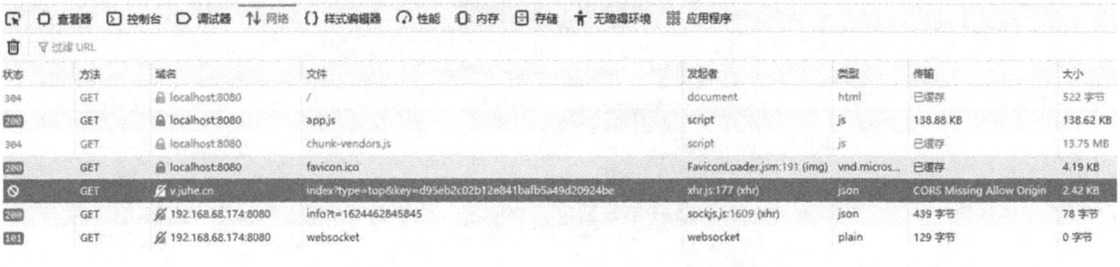

查看器　控制台　调试器　网络　样式编辑器　性能　内存　存储　无障碍环境　应用程序

过滤 URL

状态	方法	域名	文件	发起者	类型	传输	大小
304	GET	localhost:8080	/	document	html	已缓存	522 字节
200	GET	localhost:8080	app.js	script	js	138.88 KB	138.62 KB
304	GET	localhost:8080	chunk-vendors.js	script	js	已缓存	13.75 MB
200	GET	localhost:8080	favicon.ico	FaviconLoader.jsm:191 (img)	vnd.micros...	已缓存	4.19 KB
	GET	v.juhe.cn	index?type=top&key=d95eb2c02b12e841bafb5a49d20924be	xhr.js:177 (xhr)	json	CORS Missing Allow Origin	2.42 KB
200	GET	192.168.68.174:8080	info?t=1624462845845	sockjs.js:1609 (xhr)	json	439 字节	78 字节
101	GET	192.168.68.174:8080	websocket	websocket	plain	129 字节	0 字节

图 21-2　Firefox 浏览器提示的告警信息

有非常多的方法可以规避这类问题。比如，设置服务器代理、部署独立服务器等，但这些方法都比较烦琐。其实，很多浏览器都提供了允许跨域访问的插件，只需启用这种插件，就能实现在开发环境中跨域请求第三方 API。

图 21–3 所示为在 Firefox 浏览器中能够实现跨域访问的插件。

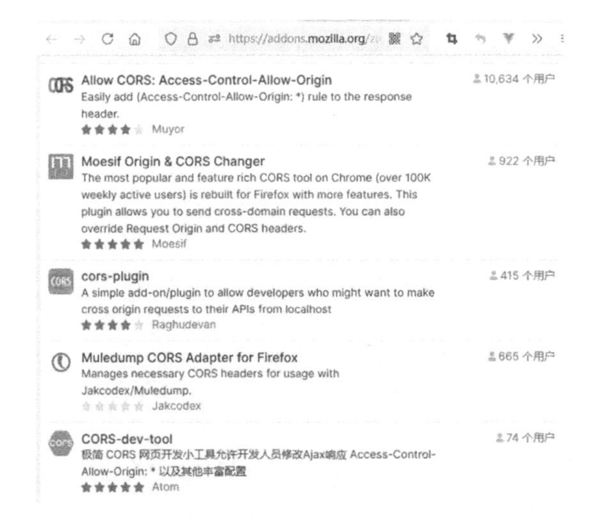

图 21-3　在 Firefox 浏览器中能够实现跨域访问的插件

21.5.4　固定导航栏

在默认情况下，导航栏和新闻列表是在一个页面中，随着新闻列表向上滚动，就会隐藏导航栏，如图 21–4 所示。

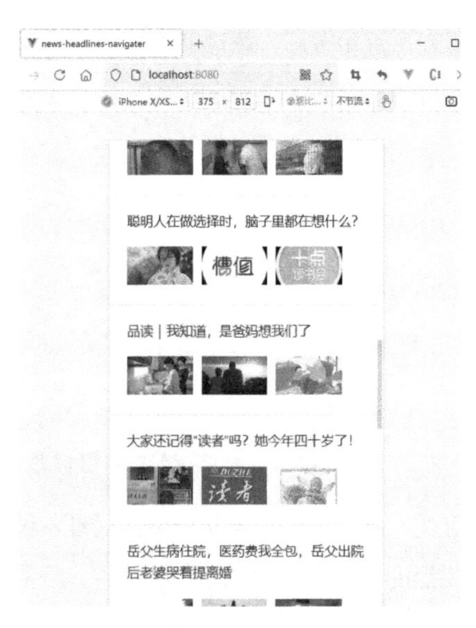

图 21-4　隐藏导航栏

如何才能固定导航栏使其不会随着新闻列表滚动呢？这时可以使用 Naive UI 的布局组件 NLayout 和 NLayoutHeader 来实现，代码如下：

```
<template>
  <div class="news-home">
    <n-layout-header style="height: 64px; padding: 24px" bordered>
      <NewsNavigater> </NewsNavigater>
    </n-layout-header>
    <n-layout position="absolute" style="top: 64px; bottom: 64px">
      <NewsList> </NewsList>
    </n-layout>
  </div>
</template>

<script lang="ts">
import { Options, Vue } from "vue-class-component";
import NewsList from "./NewsList.vue";
import NewsNavigater from "./NewsNavigater.vue";
import { NLayout, NLayoutHeader } from "naive-ui";

@Options({
  components: {
    NewsNavigater,
    NewsList,
    NLayoutHeader,
    NLayout,
  },
})
export default class NewsHome extends Vue {}
</script>
```

在上述代码中，通过 NLayoutHeader 组件和 NLayout 组件分别对 NewsNavigater 组件和 NewsList 组件进行了“包装”，从而实现导航栏的固定，如图 21-5 所示。

图 21-5　固定导航栏

21.6 【实战】实现导航栏与新闻列表组件通信

目前，已经能够实现新闻列表在首页的动态展示。但是，单击导航栏中的标签页并没有任何反应。接下来需要实现单击导航栏中标签页的分类，获取不同分类的新闻列表的功能。这就需要了解导航栏与新闻列表组件是如何进行通信的。

第 5 章已经详细介绍了不同组件之间是如何实现交互的。本节实例将演示导航栏与新闻列表组件通过事件进行通信。

21.6.1 监听导航栏的单击事件

当单击导航栏中的标签页时，为了能知道我们单击了哪一个标签页，可以在 NTabPane 组件上设置单击事件，代码如下：

```
<template>
  <div class="news-navigater">
```

```
    <n-tabs type="line">
      <n-tab-pane
        v-for="category in categories"
        :key="category.alias"
        :tab="category.name"
        :name="category.name"
        @click="tabClick(category.alias)"
      >
        {{ category.name }}
      </n-tab-pane>
    </n-tabs>
  </div>
</template>

<script lang="ts">
import { Options, Vue } from "vue-class-component";
import { NTabPane } from "naive-ui";
import { NTabs } from "naive-ui";
import { CategoryService } from "../category-service";
import { Category } from "@/category";

@Options({
  components: {
    NTabPane,
    NTabs,
  },
})
export default class NewsNavigater extends Vue {
  private categoryService: CategoryService = new CategoryService();
  private categories: Category[] = this.categoryService.getCategoryData();

  // 定义单击事件处理的方法
  tabClick(alias: string) {
    console.log("alias:" + alias);
  }
}
</script>
```

从上述代码中我们可以知道以下内容。

- 通过注解@click 在 NTabPane 组件上设置单击事件。
- tabClick()方法用于处理单击事件。目前，只是简单地将接收的标签页的分类别名通过控制台输出。

运行应用，单击导航栏中的标签页，控制台输出内容如图 21-6 所示。

图 21-6 控制台输出内容

上述控制台输出内容说明，使用 tabClick()方法能够正常获取所单击的标签页的分类别名。

21.6.2 自定义导航栏的切换事件

当新闻分类组件获取了分类别名后，需要通知新闻列表组件刷新相应分类的新闻列表，这时可以使用发送事件的方式来通知。

在 NewsNavigater 组件中，当单击导航栏中的标签页时会触发 tabClick()方法，同时发送自定义事件，代码如下：

```
export default class NewsNavigater extends Vue {
  private categoryService: CategoryService = new CategoryService();
  private categories: Category[] = this.categoryService.getCategoryData();

  // 定义单击事件处理方法
```

```
  tabClick(alias: string) {
    console.log("alias:" + alias);

    // 发送自定义事件
    this.$emit("tab-click-event", alias);
  }
}
```

在上述代码中，通过 this.$emit 来发送了一个名为“tab-click-event”的自定义事件，同时把当前标签页的分类别名通过该事件传递出去。

21.6.3　处理导航栏的单击事件

在 NewsHome 组件中，对 NewsNavigater 组件进行 tab-click-event 事件监听，代码如下：

```
<template>
  <div class="news-home">
    <n-layout-header style="height: 64px; padding: 24px" bordered>
      <NewsNavigater @tab-click-event="handleTabClickEvent"> </NewsNavigater>
    </n-layout-header>
    <n-layout position="absolute" style="top: 64px; bottom: 64px">
      <NewsList :alias="alias"> </NewsList>
    </n-layout>
  </div>
</template>

<script lang="ts">
import { Options, Vue } from "vue-class-component";
import NewsList from "./NewsList.vue";
import NewsNavigater from "./NewsNavigater.vue";
import { NLayout, NLayoutHeader } from "naive-ui";

@Options({
  components: {
    NewsNavigater,
    NewsList,
    NLayoutHeader,
    NLayout,
  },
```

```
})
export default class NewsHome extends Vue {
  private alias: string = "top";

  handleTabClickEvent(alias: string) {
    console.log("handleTabClickEvent:" + alias);

    // 标签页的分类别名
    this.alias = alias;
  }
}
</script>
```

从上述代码中我们可以知道以下内容。

- 通过@tab-click-event 方式监听 tab-click-event 事件。
- tab-click-event 事件的处理方法为 handleTabClickEvent()。
- 使用 handleTabClickEvent()方法会接收事件中所携带的标签页的分类别名。
- 将分类别名赋值给 alias 变量。
- 由于 NewsList 组件通过“:alias”绑定了动态变量 alias，所以实现了将标签页的分类别名从 NewsNavigater 组件最终传递给 NewsList 组件。

也需要修改 NewsList 组件，代码如下：

```
<template>
  <div class="news-list">
    <n-card
      v-for="newsMsg in news"
      :key="newsMsg.uniquekey"
      :title="newsMsg.title"
    >
      <n-image-group>
        <n-space>
          <n-image width="90" :src="newsMsg.thumbnail_pic_s" />
          <n-image width="90" :src="newsMsg.thumbnail_pic_s02" />
          <n-image width="90" :src="newsMsg.thumbnail_pic_s03" />
        </n-space>
      </n-image-group>
    </n-card>
```

```
  </div>
</template>

<script lang="ts">
import { Options, Vue } from "vue-class-component";
import { NCard, NImageGroup, NImage, NSpace } from "naive-ui";
import axios from "axios";
@Options({
  components: {
    NCard,
    NImageGroup,
    NImage,
    NSpace,
  },
  props: {
    // 输入 alias 参数
    alias: String,
  },
  watch: {
    // 侦听 alias 参数的变化
    alias() {
      this.getData();
    },
  },
})
export default class NewsList extends Vue {
  // 绑定模型变量
  private news: any = [];

  // 新闻列表 API 地址
  private newsApiUrl: string = "http: //v.juhe.cn/toutiao/index?type=";
  private alias: string = "top";       // 当默认值为 top 时，获取全部的新闻数据
  private key: string = "&key=d95eb2c02b12e841bafb5a49d20924be";

  // 初始化时就要获取数据
  mounted() {
    this.getData();
  }
```

```
  // 调用 API 中的数据
  getData() {
    axios
      .get(this.newsApiUrl + this.alias + this.key)
      .then((response) => (this.news = response.data.result.data));
  }
}
</script>
```

从上述代码中我们可以知道以下内容。

- 通过@Options 注解的 props 将 alias 参数声明为输入属性。
- 通过@Options 注解的 watch 侦听 alias 参数的变化。当 alias 参数发生变化时，就会执行 getData()方法，重新调用新闻列表 API 获取当前分类的新闻数据。

21.6.4 运行应用

运行应用后，在浏览器的地址栏中输入 localhost:8080，切换导航栏中的标签页，就能看到相应标签页中的新闻列表。图 21-7 所示为单击“体育”标签页后的界面效果。

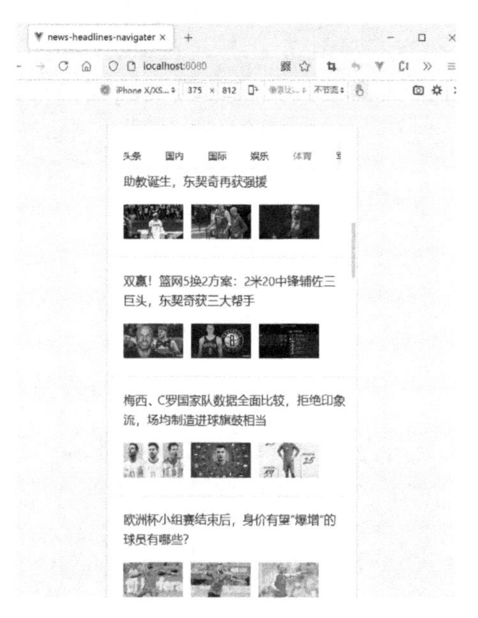

图 21-7　单击“体育”标签后的界面效果

第 22 章 实现“新闻头条”客户端的新闻详情页面

第 20 章介绍了实现“新闻头条”客户端首页的功能。本章在第 21 章的基础上，增加新闻详情页面展示的功能，并最终使整个“新闻头条”客户端趋于完整。

配套资源 本章实例的代码在本书配套资源的“news-headlines”目录下。

22.1 新闻详情页面的概述

新闻详情页面用于展示新闻的详细内容。与首页中新闻列表的新闻条目相比，新闻详情页面多了新闻时间、新闻来源、新闻内容等。

22.2 新闻详情页面的需求分析

在首页中单击新闻列表，应该能打开新闻详情页面。新闻详情页面主要用于展示新闻的详细内容，如图 22-1 所示。

新闻详情页面包含“返回”按钮、新闻标题、新闻来源、新闻时间、新闻正文等方面的内容。单击“返回”按钮，可以返回首页。

返回

国产车，什么时候能真正做到“传承香火”？

时间：2021-06-27 16:55:00

一直以来，我们都在嚷嚷国产车的技术、质量、设计不行，可国产车经过几十年的摸爬滚打后，其在技术、质量、设计上的短板已经解决。如今，当这三大短板解决后，我们又开始嚷嚷国产车的品牌形象不高大上，于是，越来越多的自主品牌在近些年努力提升自己的品牌形象，有些甚至成立了新品牌来专门做提升品牌形象这件事。

这些都是摆在明面上的事，而且这些存在的问题国产车也都已经改正或正在改正。可除了这些摆在明面上的问题，国产车还有一个老毛病要改一改，那就是车型缺少传承。

图 22-1　新闻详情页面中的内容

22.3　新闻详情页面的架构设计

“新闻头条”客户端新闻详情页面主要涉及以下 3 个功能。

- 路由到新闻详情页面：单击首页的新闻列表，能路由到新闻详情页面。
- 新闻详情组件：用于新闻详情页面内容的展示。
- 新闻详情服务：依赖第三方新闻 API 提供新闻详情数据。从新闻详情 API 中，可以获取新闻详情页面中的内容。有关第三方新闻 API 接口的描述，已经在第 19 章进行了详细讲解，这里就不再赘述。

“新闻头条”客户端详情页面需要通过 HTTP 客户端访问上述第三方新闻 API 接口，并将返回的数据动态生成新闻详情。

22.4 【实战】实现“新闻头条”客户端的新闻详情页面

本节主要介绍“新闻头条”客户端新闻详情页面的实现过程。

22.4.1 创建“新闻头条”客户端的新闻详情组件

“新闻头条”客户端新闻详情 NewsDetail 组件的代码如下：

```
<template>
  <div class="news-detail">
    <n-space>
      <n-button @click="goback">返回</n-button>
    </n-space>
    <h1 v-if="newsDetailResult.detail">{{ newsDetailResult.detail.title }}</h1>
    <h4 v-if="newsDetailResult.detail">
      时间：{{ newsDetailResult.detail.date }}
    </h4>
    <div v-if="newsDetailResult" v-html="newsDetailResult.content"></div>
  </div>
</template>

<script lang="ts">
import { Options, Vue } from "vue-class-component";
import { NButton, NSpace } from "naive-ui";
import axios from "axios";
@Options({
  components: {
    NButton,
    NSpace,
  },
})
export default class NewsDetail extends Vue {
  // 新闻详情页面中的数据
  private newsDetailResult: any = {};

  // 新闻列表 API 地址
```

```
  private newsApiUrl: string = "http://v.juhe.cn/toutiao/content?uniquekey=";
  private uniquekey: string = "db61b977d9fabd0429c6d0c671aeb30e";
  private key: string = "&key=d95eb2c02b12e841bafb5a49d20924be";

  // 初始化时就要获取数据
  mounted() {
    this.getData();
  }

  // 调用 API 中的数据
  getData() {
    // 从路由参数中获取要访问的 URL
    this.uniquekey = this.$route.params.uniquekey.toString();

    console.log("receive uniquekey: " + this.uniquekey);

    axios
      .get(this.newsApiUrl + this.uniquekey + this.key)
      .then((response) => (this.newsDetailResult = response.data.result));

    console.log(this.newsDetailResult);
  }

  // 返回
  goback() {
    // 回退浏览记录
    this.$router.go(-1);
  }
}
</script>
```

从上述代码中我们可以知道以下内容。

- 通过 v-html 指令绑定新闻详情页面中的内容 newsDetailResult.content。newsDetailResult.content 是原生的 HTML。
- 通过 axios 调用新闻详情 API，获取新闻详情页面中的内容。
- 新闻详情 API 有一个非常重要的参数 uniquekey。uniquekey 参数是从新闻列表中通过路由的方式传递过来的，这里通过“this.$route.params.uniquekey”的方式来获得该参数，并将该参数通过 toString()方法进行转换。

- “返回”按钮用于返回之前的新闻列表页面。单击“返回”按钮会触发 goback()方法，然后通过“his.$router.go(-1)”返回前一页的新闻列表页面。

22.4.2 修改“新闻头条”客户端的新闻列表组件

修改“新闻头条”客户端新闻列表组件 NewsList，代码如下：

```
<n-card
    v-for="newsMsg in news"
    :key="newsMsg.uniquekey"
    :title="newsMsg.title"
    @click="newsClick(newsMsg.uniquekey)"
>

...

// 定义单击新闻列表的处理方法
newsClick(uniquekey: string) {
    console.log("uniquekey:" + uniquekey);

    // 编程式路由到指定的路径
    this.$router.push({
        name: "news-detail",
        params: {
            // 将 uniquekey 通过路由参数方式传递
            uniquekey: uniquekey,
        },
    });
}
```

上述修改核心是在 NCard 组件上增设了单击事件，触发 newsClick()方法的执行，并通过“this.$router.push”路由到新闻详情页面。在路由的同时，将 uniquekey 参数传递给新闻详情组件 NewsDetail。

22.4.3 配置路由

（1）在项目的根目录下执行以下命令安装 Vue Router 库：

```
npm install vue-router@4
```

（2）在项目的根目录下创建 router.ts 文件，代码如下：

```
import { createRouter, createWebHashHistory } from "vue-router";

const routes: Array<any> = [
    { path: "/", redirect: "/news-home" },
    {
        path: "/news-home",
        name: "news-home",
        // 当访问路由时，组件是以懒加载的方式被加载的
        component: () =>
            import("./components/NewsHome.vue"),
    },
    {
        path: "/news-detail",
        name: "news-detail",
        // 当访问路由时，组件是以懒加载的方式被加载的
        component: () =>
            import("./components/NewsDetail.vue"),
    },

];

const router = createRouter({
    history: createWebHashHistory(), // Hash 模式
    routes,
});

export default router;
```

（3）在 main.ts 文件中引入 router.ts 文件，代码如下：

```
import { createApp } from 'vue'
import App from './App.vue'

import router from "./router";
```

```
// 使用路由 router
createApp(App).use(router).mount('#app')
```

（4）修改 App.vue，以 router-view 形式展示页面，代码如下：

```
<template>
  <router-view />
</template>

<script lang="ts">
import { Vue } from "vue-class-component";

export default class App extends Vue {}
</script>
```

上述的配置比较简单，具体配置含义已经在第 18 章进行了详细介绍，这里不再赘述。

22.4.4　运行应用

运行应用，单击新闻列表和“返回”按钮，就能实现首页和新闻详情页面之间的切换。

图 22-2 和图 22-3 所示为在 Firefox 浏览器中，以“响应式设计模式”运行的新闻列表页面效果和新闻详情页面效果。

图 22-2　新闻列表页面效果

图 22-3　新闻详情页面效果

参考文献

[1] 柳伟卫. 跟老卫学 Vue.js 开发[EB/OL]. 2021-04-01/2021-04-11.

[2] Evan You. The Progressive Framework[EB/OL]. 2021-04-01/2021-04-11.

[3] Vue.js Guide[EB/OL]. 2021-04-01/2021-04-11.

[4] 柳伟卫. Angular 企业级应用开发实战[M]. 北京：电子工业出版社，2019.

[5] WebComponents[EB/OL]. 2021-04-01/2021-04-11.

[6] Vue Class Component[EB/OL]. 2021-04-01/2021-04-11.

[7] Truthy[EB/OL]. 2021-04-01/2021-04-11.

[8] 柳伟卫. Spring 5 开发大全[M]. 北京：北京大学出版社，2018.

[9] DOM tree[EB/OL]. 2021-05-01/2021-05-20.

[10] James A. Whittaker，Jason Arbon，Jeff Carollo. How Google Tests Software. New Jersey：Addison-Wesley，2012.

[11] Naive UI 官方文档[EB/OL]. 2021-06-01/2021-06-30.

本书作者的另外两本书

Broadview
Angular
企业级应用开发实战
柳伟卫 著
中国工信出版集团
电子工业出版社

Broadview
一个人扛起一条生产线
MongoDB+Express+
Angular+Node.js
全栈开发实战派
柳伟卫 著
知识面广
实例多
服务好
完整项目
中国工信出版集团
电子工业出版社